# A to Z 2

现代国际建筑设计案例

CONTEMPORARY INTERNATIONAL ARCHITECTURAL DESIGN CASES

中国林业出版社

图书在版编目（CIP）数据

现代国际建筑设计案例A-Z．2 / 香港日瀚国际文化传播有限公司编．—北京:中国林业出版社，2010.3
ISBN 978-7-5038-5783-6

Ⅰ．①现… Ⅱ．①香… Ⅲ．①建筑设计－作品集－世界－现代 Ⅳ．①TU206

中国版本图书馆CIP数据核字(2010)第022815号

出版：中国林业出版社
E-mail:cfphz@public.bta.net.cn 电话：（010）83227584
社址：北京西城区德内大街刘海胡同7号 邮编：100009
发行：新华书店北京发行所
顾问：范飞
印刷：上海瑞时印刷有限公司
开本：240mm×280mm
版次：2010年5月第1版
印次：2010年5月第1次
印张：22.75
字数：600千字
定价：248元

All of the projects in the book are listed alphabetically by the name of design companines, designers and the projects.

# 006 JENSEN & SKODVIN ARKITEKTKONTOR AS → Bad Gleichenberg

本項目位于受保護的公園處，并包含了一個擁有50間房間的醫療室，一家擁有不同餐廳和咖啡店的四星級旅館，以及供病患者和其他賓客使用的公共温泉浴室。

在治療室中間供病人使用的等候區圍繞着院子而建，可享受到陽光并看到樹木，病人可以在等候的時候享受到風景。完整的治療通常要持續幾天的時間，并且可能包含各種不同的治療，如不同的按摩和在較小的私人治療室裏的沐浴以及在零下110攝氏度的冷房間的治療等。在這些治療期間，病人往往需要在室外等候，而公園通常是關閉的。該建築的一個主要目的就是將社會福利域融入到建築中，盡可能的使其不像一家普通醫院，而像一個風景中治療的醫療室。

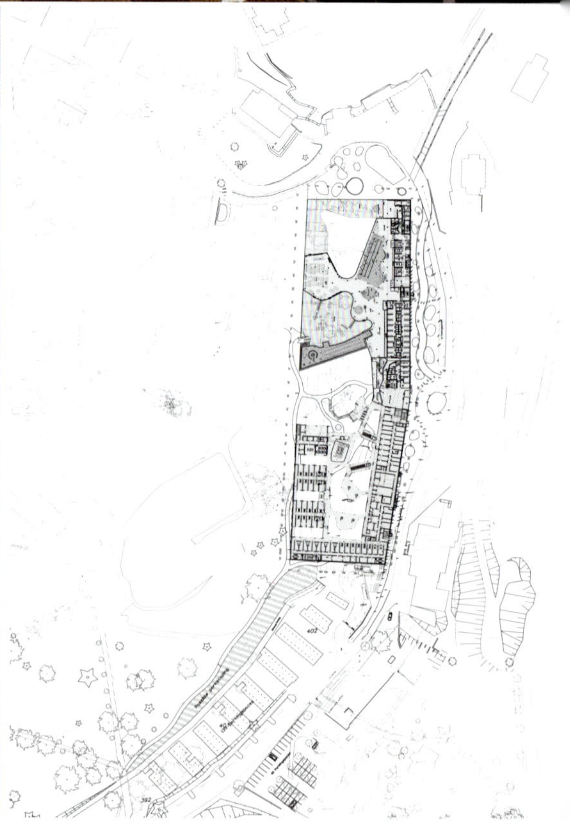

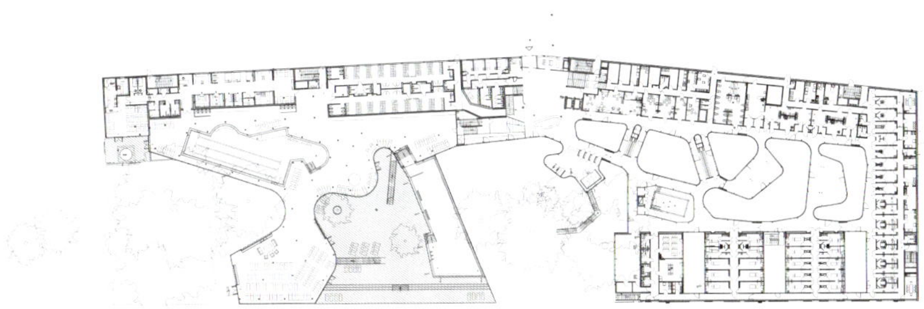

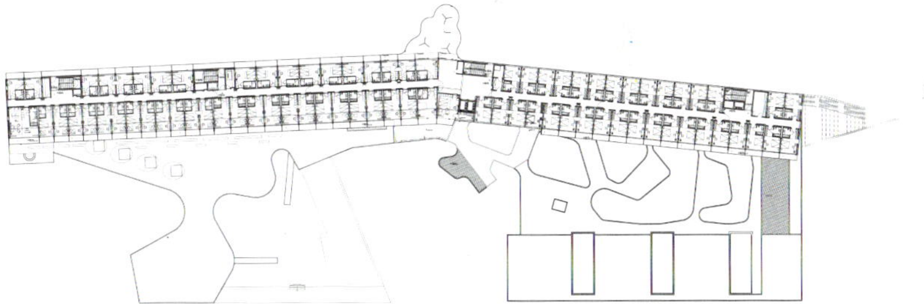

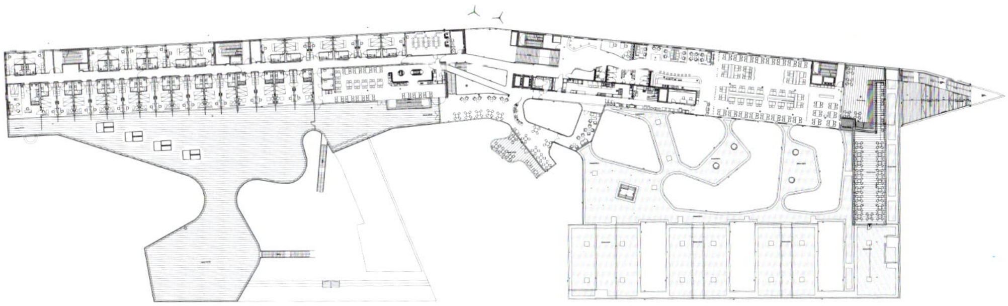

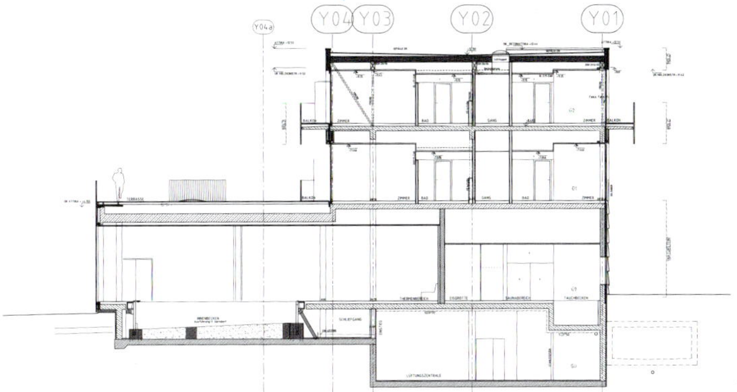
Y04
Y03
Y02
Y01

# ➜ Tautra

項目位于Trondheimsfjorden的Tautra島。這是有18個修女的新修院，裏面有一個小型的教堂，所有的設施都爲了健康生活便，例如有生產區的布局。通過去除此項目中的幾乎所有走廊，來的項目已經減少了大約30%。走廊曾經一直是修道院日常運的必經之地。通常所有的修女會一起聚集在四個重要房間中的個房間内。那就意味着這些房間可以被看做是走廊和通勤區。大多數房間有着截然不同的要求。也意味着每個房間都既需建築上的自由，又需要光綫照入的自由，因爲主要的設計是水方向的。因此，此項目由不同大小房間的組成一個系統，這些間在拐角處是相互連接的，在房間之間建有庭院，總共有7個園。

## ➜ Gudbrandsjuvet Landscape Hotel

這是由克努特斯萊寧的Gudbrandsjuvet爲當地居民建造的一個山水大酒店。建造地點定于奧蘭德。

基本上，每個房間都是獨立的小房子，或者房間之間被兩扇玻璃墻隔斷。這裏的房間都面向風景，人們認爲這裏能欣賞到奇觀异景，變幻莫測，同時建築形成了一個不能窺視其他房間的布局。每間房呈現了獨有的迷人景觀，這裏的景色隨着天氣和時間交替變化，呈現了四季輪回的景觀。

# 032 JAGER JANSSEN → Villa Hanendick

原始農舍的輪廓成爲新設計靈感的來源。屋頂的原有形式被保留了，同時在屋頂中間又設計了新的可識別的形體，服務于新的功能空間。農舍中間的區域可以根據需要進行開發和轉型。

攝影師：Rob t'Hart

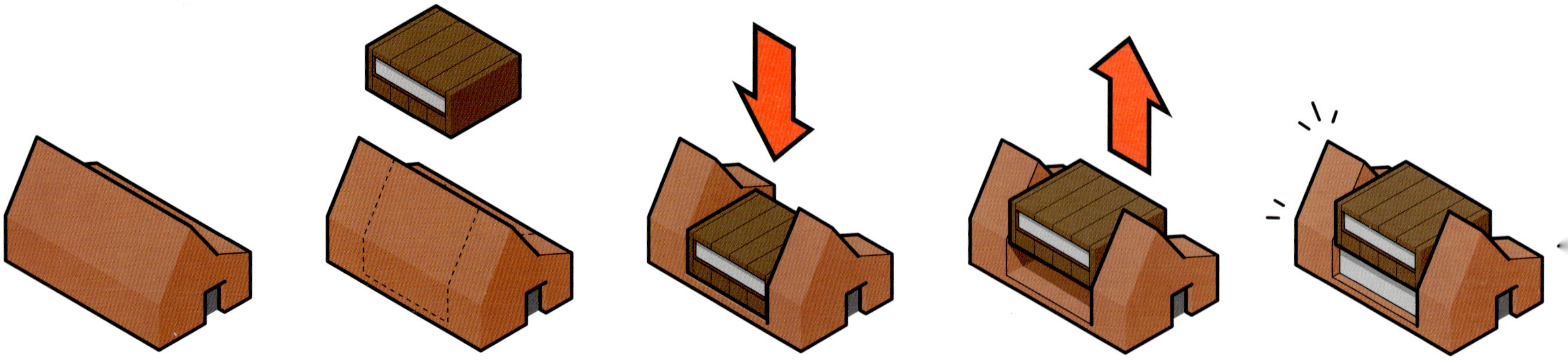

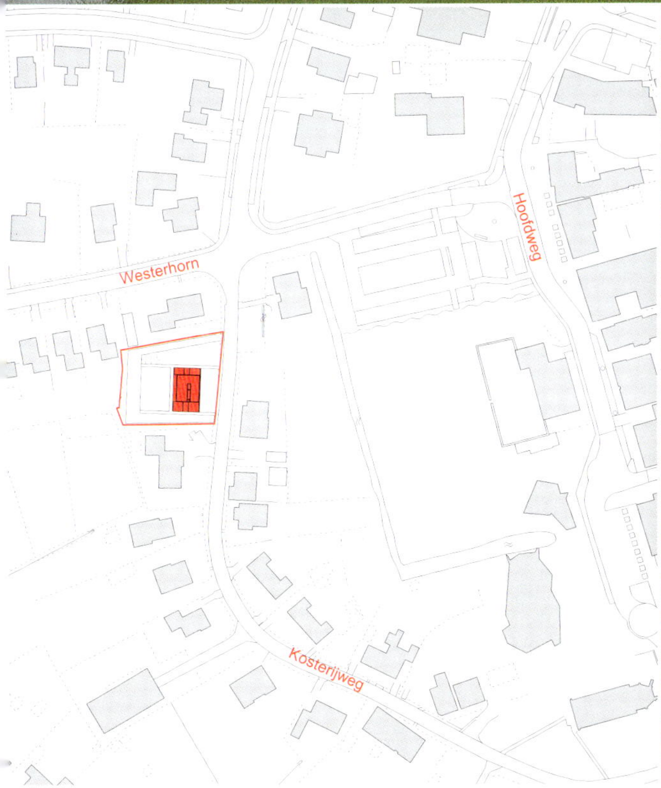
Westerhorn
Hoofdweg
Kosterijweg

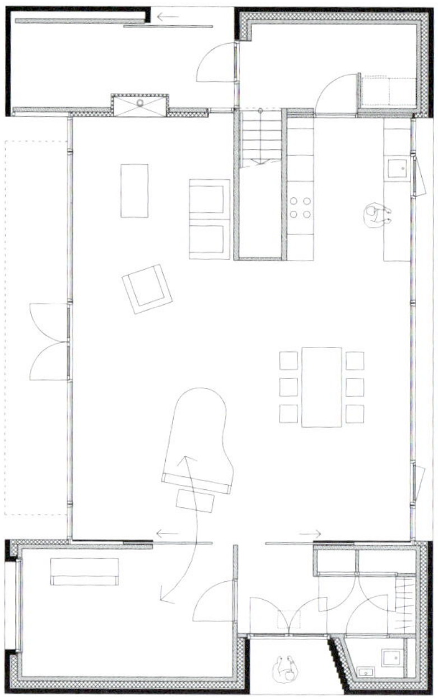

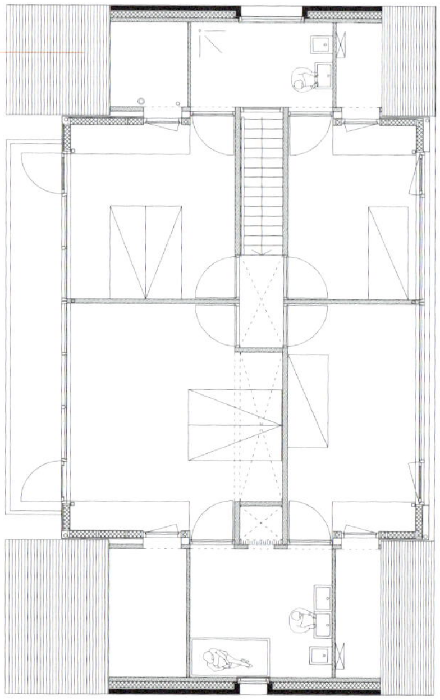

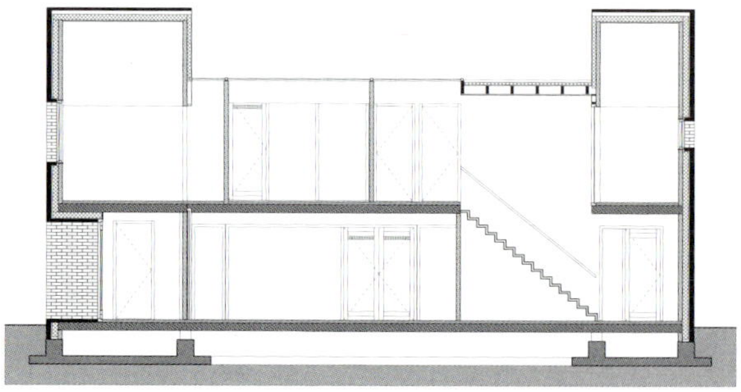

# 036 JOKE VOS ARCHITECTEN → Datacentre, TU Delft

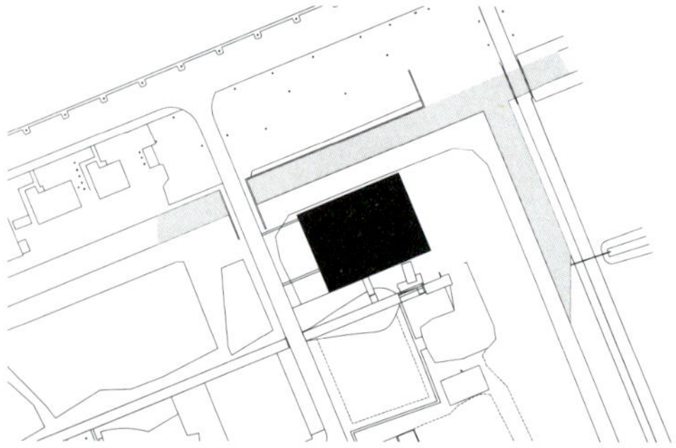

代爾夫特理工大學想要出售至今爲止都擁有數據中心的大樓，因此就要設計一個新的大樓。幾乎所有的一切都是依賴ICT系統。那就是爲什么"商務延續性"是起點。快速的過程也是非常重要的，因此現在的大樓需要盡快的搬空。

整個過程直到結束包括所需要的程序所需要的時間在內將需要16個月。這在荷蘭算是快的了。新的"藝術殿堂"數據中心可以滿足所有現在的需要。在它的可擴展的和標准的計劃中，它還是需要爲未來作准備的。

新的大樓堅固而穩定地屹立在代爾夫特理工大學校園的邊緣。在預制混凝土制成的大樓正面的傾斜的綫反射着這裏的樹木。大樓顏色端莊，擁有白色的混凝土表面和綠色的玻璃。

結果這個內斂的大樓看上去不僅有韌性而且也很雅致。在具有荷蘭特色的陽光的照耀下，襯着雲朵的點綴，閃閃發光的玻璃看上去令人欣喜。

項目主要是服務于技術區域。這些必須放在一個封閉的非常耐用和非常安全的盒子中并且不需要有永久的工作場所，這意味着是没有窗户的。另一方面，需要裝很多的通風栅格網，以處理由各種安裝產生的非常多的熱量。對于Joke Vos architecten的主要挑戰是建一

個具有吸引力和有趣的大樓，同時擁有所有這些功能和符合這些技術要求。

底層地面比周邊的地方都要高以避免洪水。緩慢的斜坡通過一座細細的鋼橋到達入口，這是建築唯一的入口點。這就增强了現代城堡的形象。一個條理清楚的項目可以把大多數的柵格網放在大樓中心的一個關閉的院子裏面。一端的入口大門和另一端混凝土面板上切的格柵可以爲院子本身通風提供了可能。雖然柵格非常的大，但是可以集合于大樓正面的平面設計中。樓正面的頂部斜綫遮蔽了屋頂的冷却器，減少了這些機器發出的噪音。

由于需要快速開工以及一個堅固和牢靠的外觀，這就要選擇預制混凝土元件。與預制混凝土制造商合作后，開發了一種可以與一些表面在相同的模子中相結合的特別的元件。從循環玻璃黏着方面來説，就是發明了一種新的生産方法，于是便可能保持一個粗糙的表面。這樣，大樓正面只需要一些模板就可以制作所有的預制混凝土元件

攝影師：Markéta Jiroušková, Joke Vos architecten

## ➔Periscope Houses in Rotterdam

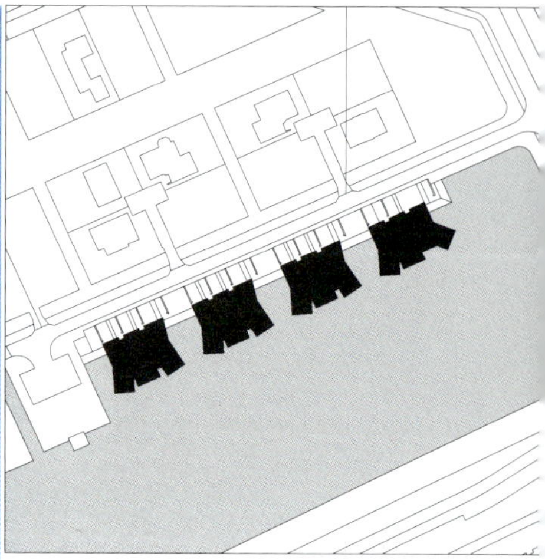

潜望鏡住宅的概念來源于鹿特丹市組織的一次多競賽。三維設計者被要求完成十二座水景大宅。求建築富有表現力和吸引力，且與水的交融最化，還要提供高品質生活環境。

這一工程將成爲鹿特丹Waterwijk的標志。在這一區的住宅都建于一些小島上，緑水環繞，水流通鹿特丹東北面的一個自然湖泊——Zevenhuizerplas Waterwijk的其他房屋并没有按美學規劃建造，但望鏡住宅不是這樣。作爲城鎮風光不可或缺的一分，這項工程必須遵守規則。

潜望鏡住宅顯示出緊凑和富有表現力的設計且三環水。每一組房子都聚集一處形成堅固的中心。和華麗的鏡面切入這一立方體。就像透過潜望鏡在不同方向，房子看起來都不同，因此可以保證人陽臺被薄片切入不被觀察到。通過第一個潜望微微向前，通往Nesselande的主要通道被凸現出了。

居住區域分布于底層和一樓，每一家都有樓梯與畔分界。一樓的大房間緊鄰寬闊的木質樓梯，上紅黄旗幟飄揚。在第二個略低的平臺上可以停泊只，孩子們可以鍛煉捕魚技能。房子裏面一個空把出口與主要居住區域相連。在這一層上一個雙高的門廊把私人空間與外部隔開。

分布于較小而寬的區域的地面就像七巧板一樣彼嵌入，成就産生了許多不同的細部。厨房或者樓可以從居住區域分開來，可以加入卧室，或者儲室可以擴大。

這些房子顯然屬于不同家庭，在鋁卷的扭曲，門廊寬度以及入口的位置上都顯示出差别。大部分房子正北面有路的方向都有第一道門。但是每個單元的面都是通過一個水上的小走廊進入的。

精確的細節在設計時都給予了充分的注意。不同料的邊緣都被嚴格清晰地標識出來。水平的窗户被鋁板修飾得很有韵律。人行道間的通道，各個元都被安排其上并通過其通向前門。

可持續性的概念也被特别考慮在内。關于這方面了幾個角度的考慮。首先，使用耐久的自然材料這樣維修的次數就會减少，其性狀通過外表直接以反映出來。對于建築的主體，使用的是一種堅的帶有金屬光澤的墻磚。在頂層上有套在光亮優的鋁制嵌板中的潜望鏡。與此不同的是地板，天板以及門廊的墻壁所使用的是一種熱烈的實木。標志着内部延伸到外部。沿着溝渠的停放區鋪設是黑色水泥磚，其間還隨便地點綴着一些白色的泥磚。不同的區域被填充有石塊的網籃隔開。

第二，平面設計的靈活性允許業主根據實際需要作修改。在將來，調整可以非常容易，所有固定件，諸如樓梯和浴室，都被統一在一個狹窄的域。計劃將設置在底層的水房也可以安排在一樓。

除了材料的選擇和平面設計的靈活性，可持續性還體現在保温和其他節能機制上。南面的大窗户可以讓陽光射入屋子的的深處。然而，木制的活動太陽擋板又可以防止過度的陽光照射。在一個被稱爲“平衡通風”的系統控制下，温度可被升高或降低。因爲這些措施，潛望鏡住宅全年都可以保持一個舒適健康的室内環境。房間内還有地面供熱系統在底層還引進了耐久的低能量、高舒適度的概念。

通過潛望鏡住宅進入Nesselande，透過立足于水下，及豐富的表現力和特殊的位置，産生了一種精雕細刻的，有節奏的愉悦感覺。

攝影師：Markéta Jiroušková, Ger van der Vlugt

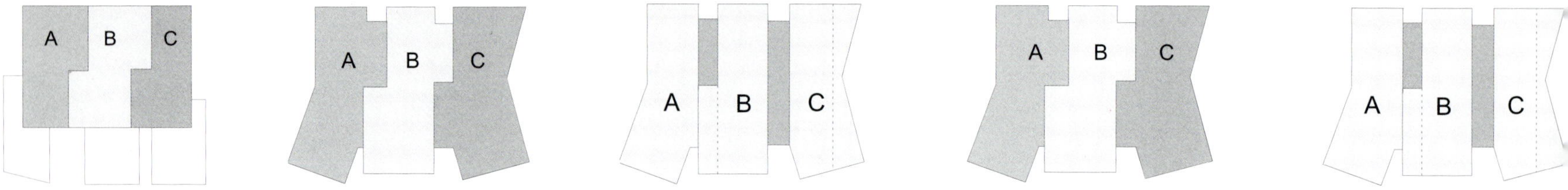
A B C
A B C
A B C
A B C
A B C

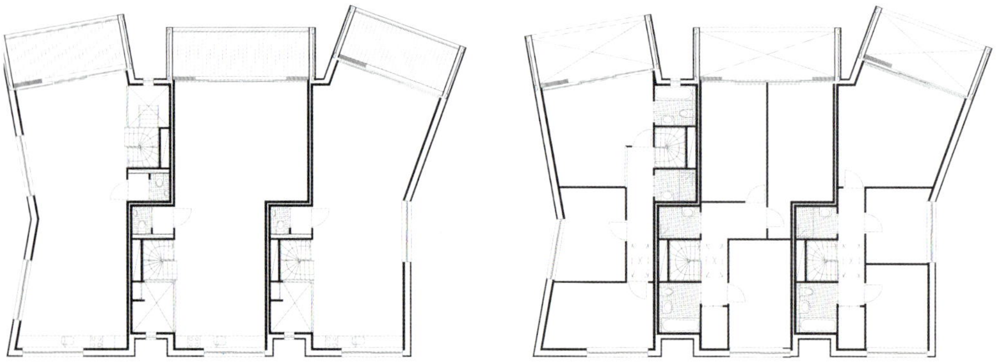

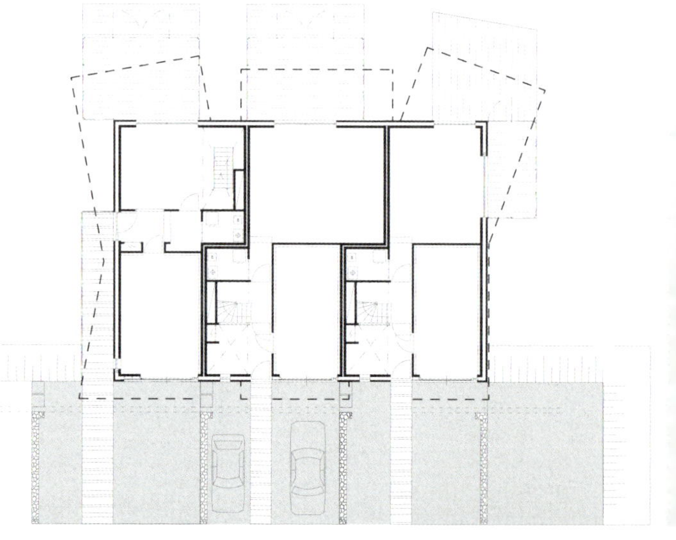

# 044 JS (Formerly Higuera + Sanchez) ➔ Monte Casino 3

建築擁有獨一無二的位置優勢，面對着沙普特佩克公園，及背靠坎波・瑪爾特軍隊廣場的高高的旗杆，以及高樓林的高檔旅館爲其建築方案提供了靈感。這是一座高八層的寓。由于這座建築物的不規則形狀，它有五個外墻。沒有鄰的建築物，使其如同雕塑一樣屹立于地面。公寓的公共間，可以看到緑地。朝南的幕墻受到更多保護。在角落，皮勒羅街和自行車道匯成一點，公寓有開放的樓梯，可以你從内部體驗到外部。

# 046 JUNYA TODA ARCHITECT & ASSOCIATES ➜ House in Tondabayashi II

房子矗立在大阪市郊的一座山的30° 傾斜的北坡上。道路僅通到這一斜坡更低的地方。這個地方，在其上不僅蓋房子困難，在其上生活也不易。

然而，我們預想這所房子應該可以一覽北面的風景，而且如果可以提高住宅的高度的話，南面陽光照射也可以獲得。因此，對我們來説最重要的任務就是在預算範圍内在山上打造一個大的面。這所房子的業主是一對年輕夫婦和他們的兩只獵犬。

地下室使用水泥墻建造的。一旦反房子開始伸出地面，就用鋼筋架支撑整個房子。5米高的懸臂居室和在設計時就是和木制階梯相連的，從而在地面上産生了最大化的連續空間。

客廳，雜物間和客廳面對山下一字排開。在設計中這一直綫會在南面的階梯處合攏。家庭生活大部分都可以在這一層進行，當然睡眠除外。底部的兩層與車庫，卧室相連，并有樓梯向上通頂層。

在建築完工時山腰的表面没有被動過。于是，業主自己開始一點一點在上面種植樹木，他們打將來用緑色覆蓋這一表面，可這是急不來的。

攝影師：Yoshiyuki Hirai

# 050 KOW ➜ Euromax

這個大樓使用了一個有效且實用的建築設計方法。這種方法的優勢是，在不影響建築結構和質量的前提之下，這個建築工序比平常的建築時間要短。

Euromax是一個經過仔細設計和建造堅固的大樓。通過樓頂會議室可以看到海洋和周圍的景色。

在這個特別的大樓中不同的位置可以發現不同的景色變化。在這棟大樓上可以清楚的看到位于馬斯河上的港口。鋼結構用于斜坡的頂部。交替的透明的玻璃嵌板和不透明的無烟煤灰色鋁包裝釉彩玻璃板，這些連接在一起便形成了大樓顯著的正面。

Euromax 的辦公室位于8樓和6樓。9樓是會議室和工程空間，一個設計精美的會議室位于11樓。一些額外的操作設備在2樓， 一個飯店和女員工的更衣室在1樓。一樓有一個帶接待櫃臺和新聞發布室的入口大廳。地下室在塔的底部，裏面還有個工程空間，剩下的空間作爲居住使用。在大樓裏面建有三個曲折的門廊，每一個都有幾個臺階。在地形的西邊留有個空地以便設計塔時使用。

攝影師：KOW Visualisation, Ronald Schlundt Bodien

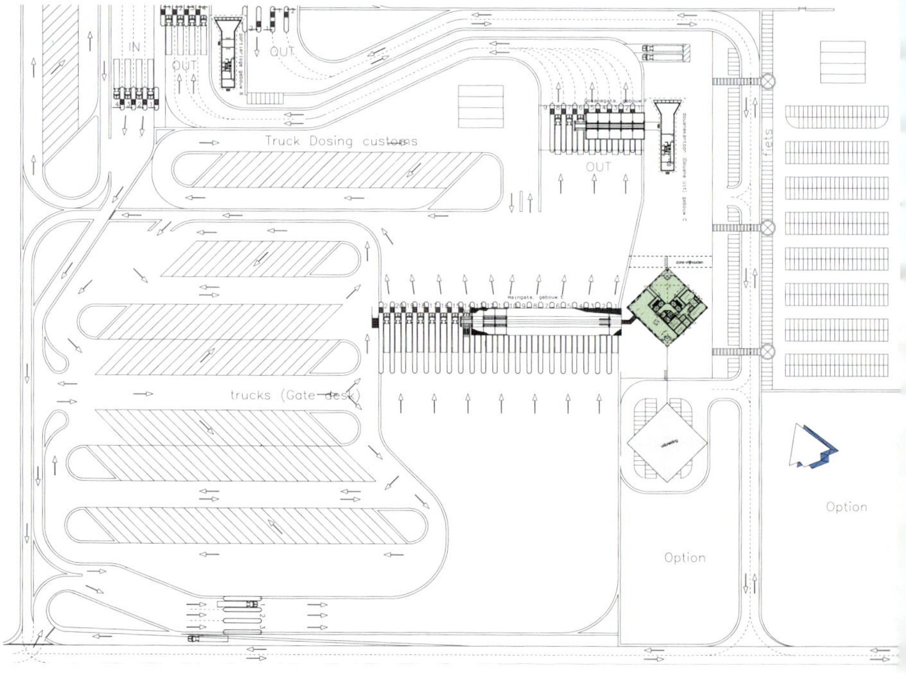

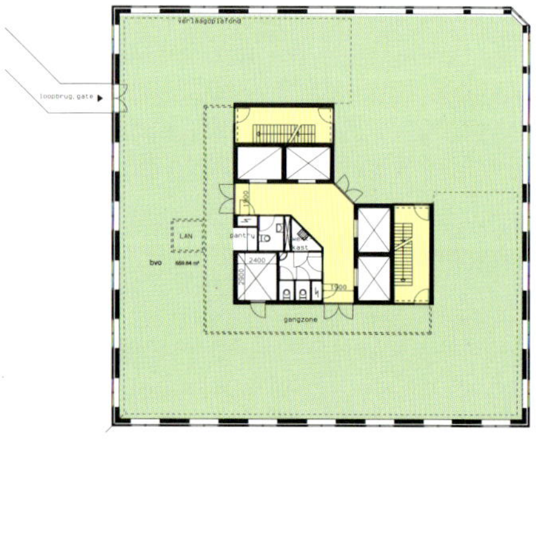

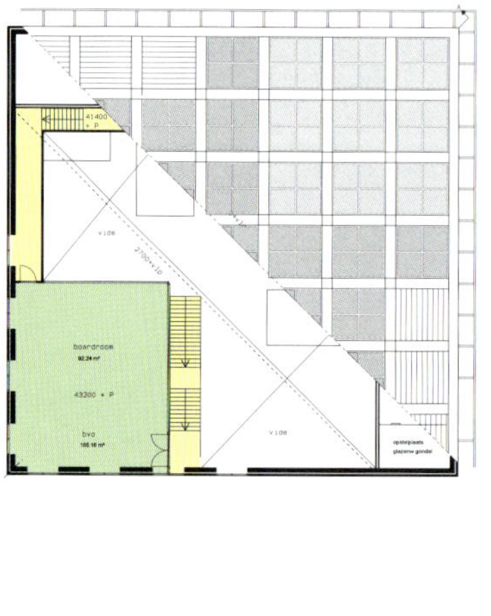

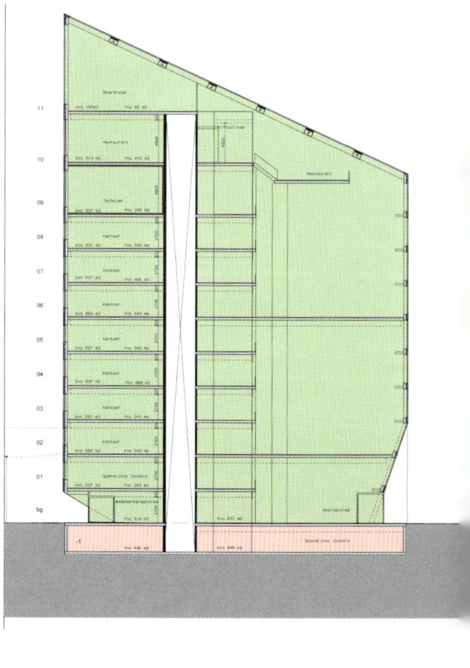

# 054 MARIO GARZANITI → Logements à Schaerbeek

比利時當局，願意使用"幕墻"，與周圍的仿古建築物形成鮮明的對比。在當地計劃者的推動下，其中有科萊發先生，現在是斯卡貝克市的市長，以及來自君主時期的建築設計師馬裏奥賈讓尼斯，在克服了一些困難后，開始在皇后林蔭大道附近和裏得斯宮殿附近使用一些新材料，這是一個小汽車和有軌電車通行的地方。

在一個有轉角的街區，建築物憑借一個具有很有利的地點。柱子簡單、流暢，采用一種材料制成：不銹鋼、薄面板，大約4毫米厚，用鉚釘固定在歐米茄側面，粘在水泥墻上。

這些搭扣被固定在中間，而固定在周邊位置的長方形的搭扣則是爲了防止材料熱脹冷縮。靈活的彎曲度可防止鋼材與不銹鋼接觸時發生的風險。

防蒸汽薄膜、絶緣層和防水層（鋼板后的一個空間）與外墻外部相結合。極爲清晰的綫條使我們非常關注細節。單一的材料經過深色處理，色調不同，因此避免對稱。

在現實中，生銹的色調營造了一種粗糙的金屬切割造型：裝飾面、表面以及可移動的百葉窗都采用相同的材料，根據靈活的造型組織。這裏有一個工業含義：風景和符號選擇。一層有一家店鋪，分爲兩個部分（分别爲80平方米和100平方米），由于使了百葉窗而令人備感親切舒適。與其他設計師繁瑣的造型不同是，這個造型簡潔，就像是巨大的穩定的石頭造型。

攝影師：Alain Janssens

# 058 MCCULLOUGH MULVIN ARCHITECTS → Thurles Arts Centre & Library

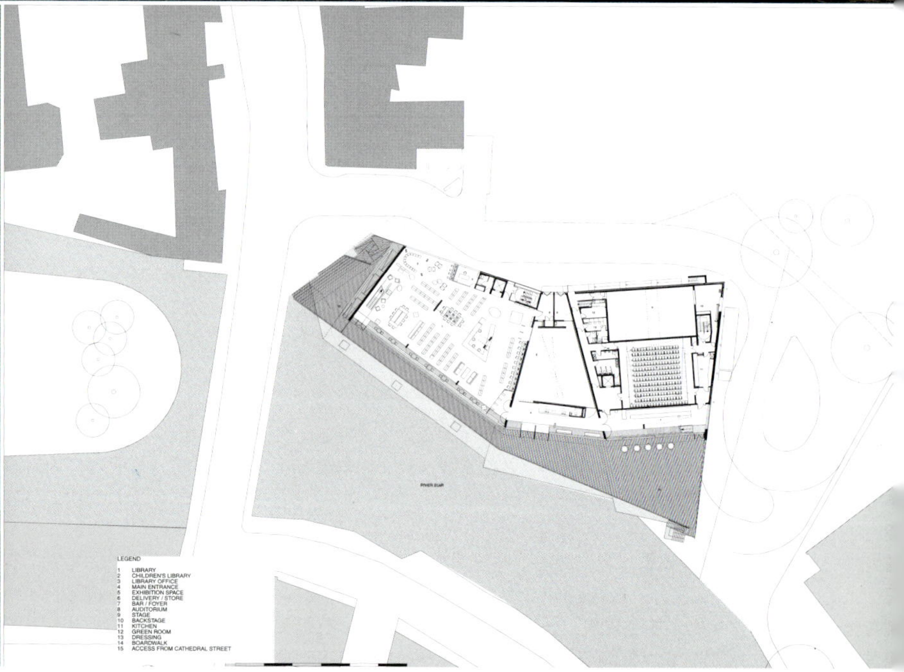

這項工程的目標是爲社區提供一幢質量好而且重要的大樓，用于容納位于什爾斯的一個藝術中心和圖書館。

客户：

兩個大客户是地區藝術中心有限公司和提普拉雷聯合圖書館社區。他們決定共同購買一座大樓，這樣他們也許能在他們的組織間進行合作，而且能在一個小鎮上獲得一座辦公大樓。地址最終選在了小鎮中世紀式門外橋邊的河上。過去，什爾斯像許多愛爾蘭小鎮一樣，依賴着這條河，自豪地被中世紀式的塔屋和大門保衛着。這也成了當地的一大特色。有了這次開發，什爾斯重新發現了它的河岸，并把它發展爲受原本建在停車場上的小鎮上人所喜歡的事物。

簡述：

藝術中心將擁有一個視覺藝術展覽間（同圖書館共有），一家擁有250個可靈活使用的座位的戲院，一間咖啡吧以及當地的藝術工作室。圖書館内含一個600平方米的分支借閲館，一個當地學習資源基地。在這個學習資源基地裹，閲覽室和半開放半封閉的檔案與可移動的書架藏書融合在一起。一個再次被分享的社區空間也將建成。

設計方案：

這座大樓的幾何元素源自其特殊的地理位置：像猫一樣蹲坐在什爾斯中世紀式門前，又在蘇爾河的彎處伸展開來。唯一合着的屋頂在各處的大小不一，如同從一個堅硬的基地一沿着河鋪展開的木板路一開始上下起伏的小山脉。用易碎的鋅構成的平面把圖書館/媒體區同藝術空間和戲院區分開來，擁有純玻璃平面的整座大樓浮動着來面對河。圖書館的兩層和研究中心連接在一起，形成了位于低入口處的觀衆席和藝術中心的龐大體積。在活動的高峰之間合攏上的是上部的平頂。這是白天社會活動的中心，在晚上則成了酒吧或咖啡屋。

可持續性：

整座大樓除了戲院的觀衆席之外都是通風的。圖書館内，第一層地板上深深的切口把空氣從四周的窗户傳向了中央的屋頂，使一個較爲深遠的計劃得以實現。大樓的管理體制控制着這裹的通風，而人工控制可以讓員工任意提高或降低空氣流量。

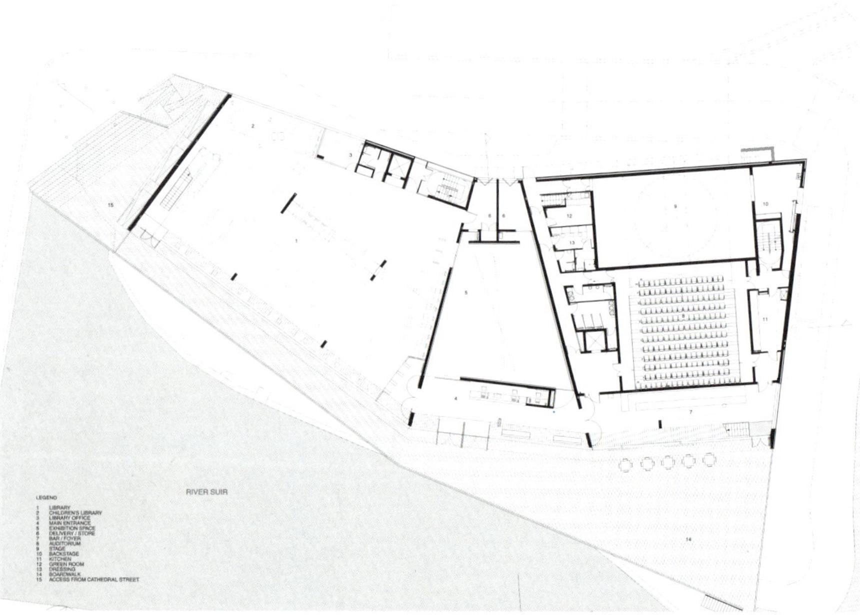

RIVER SUIR
LEGEND
1 LIBRARY
2 CHILDREN'S LIBRARY
3 LIBRARY OFFICE
4 MAIN ENTRANCE
5 EXHIBITION SPACE
6 DELIVERY / STORE
7 BAR / FOYER
8 AUDITORIUM
9 STAGE
10 BACKSTAGE
11 KITCHEN
12 GREEN ROOM
13 DRESSING
14 BOARDWALK
15 ACCESS FROM CATHEDRAL STREET


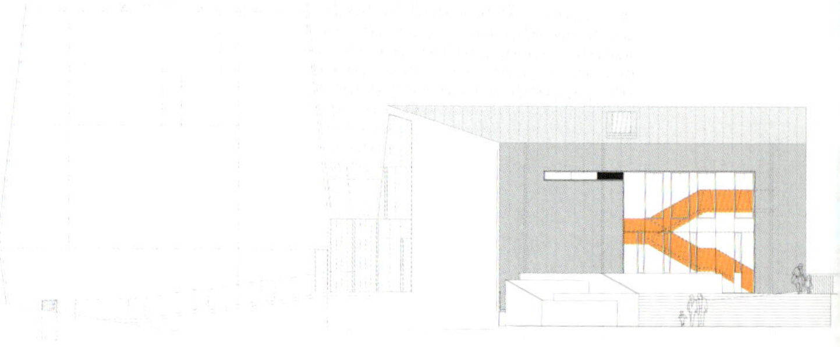

目背景：

户要求我們爲現有員工在極端艱巨和空間過密的工作條件裏設一個簡單的辦公室和餐廳。

目包括拆除兩層廢弃大樓，這棟大樓位于都靈貝爾費爾德UCD園的阿德莫爾家庭院裏，接着在原有地址上重新建立一個具備公室、餐廳和輔助實驗室的兩層高的大樓，搭建一個通向已有層實驗室的過道，在現有的建築裏增加進入其他辦公室的入，阿德莫爾家的結構受到保護，現有部分需要拆除的大樓和新樓都位于庭院之中。

計方案：

病毒參考實驗室建立在都靈大學内一個限制地點，位于沿都靈貝爾費爾德UCD 校園向前走的阿德莫爾家和主實驗室之間。 雖然是小規模項目，但是該項目對中央的大學建築和周圍風景關系之間發揮重要的作用，尤其是樓下流淌的小河。項目采用别具特色形式和材料，設計了一連串的亭閣，支持并且對最初20世紀60年代的校園設計采用的風景融入理念提出了新的想法和挑戰。 第一層和實驗室作爲工作和辦公交流的場所，餐廳和會議設施設立在地下室，融入風景并詮釋風景特色的亭閣隨處可見。

我們更加詳細地觀察這個建築：局部來看，地平面上佇立了一個設計合理的矩形外觀——内部結構環繞一個小型日式花園緊密聯系在一起。計劃非常簡單：在開放式空間的這個彩色核心，就像是細胞核一樣，可以讓人們環繞參觀的時候迅速發現這個核心；而且主實驗室后門連接一條粉紅色走廊。延長胸腔的高度后，襯托出立體式建築的健壯美感；尤其醒目的是，建築覆蓋了一層相互串聯和互相重叠的玻璃挂板和木挂板，這些挂板分别在主平面上凸起和凹陷，其抽象意義饒有趣味。

# 062 MEHRDAD IRAVANIAN → House No.12

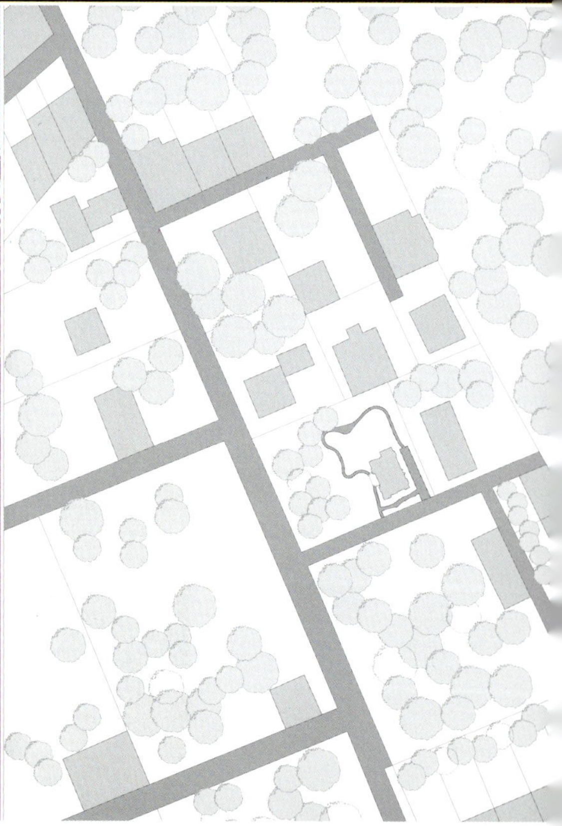

日的Shiraz花園裏，帶有非凡的Persian
人花園具有引人入勝的環境，第12
房屋就建在其環境之中的。客户，
前第3號房屋的主人，仍然在通過和
hrdadIravanian 合作尋找新的機會。第12
房屋位于一個2500平方米的Persian花園
。這個項目在建築師和客户溝通的條件
使用的材料，將對Persian花園新的理解
念用于建築中。

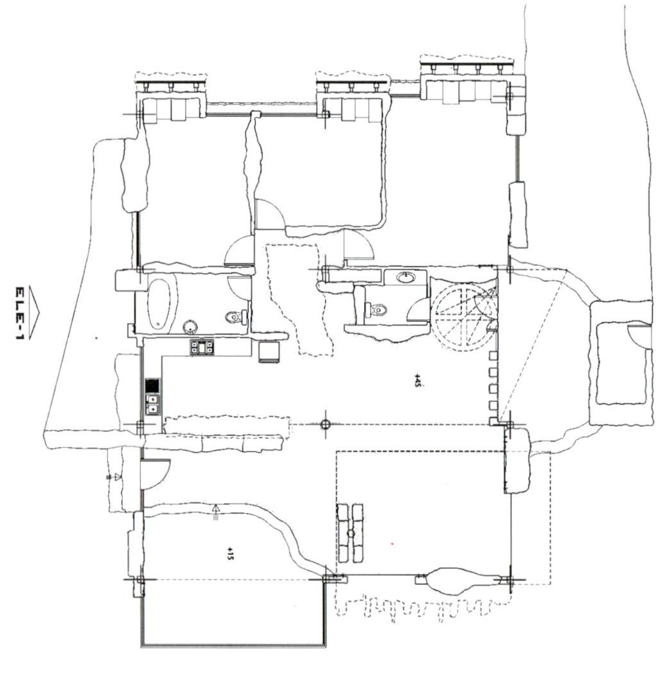
ELE-1

# 068 META ARCHITECTUURBUREAU BVBA → Residence Galenus

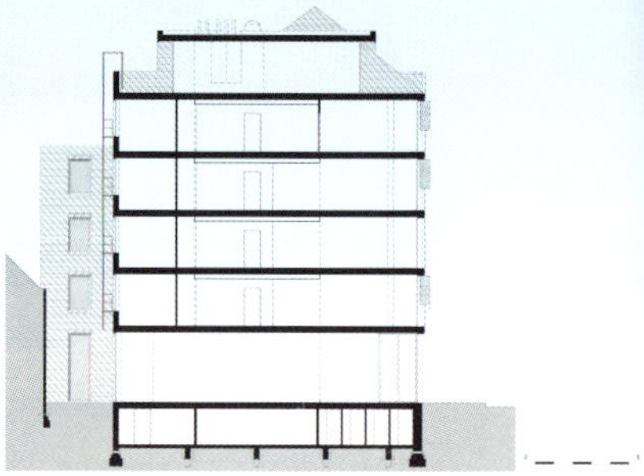

該項目在安特衛普南部港口附近。在底層，會對現有的藥店進行擴建。高層部分會擴建三個公寓和一個復式住宅。

該建築的特點是寬敞的底層，正好與上層的豪宅相匹配。高層的透明度一如底層。公寓有個折叠窗户，對其全寬，天氣晴朗時可完全打開。由于没有露臺，只能選擇完全開放的門面，不能有框架。

有的樓層還會安裝半透明的遮光簾。這隱藏在四樓以上拉升金屬廢墟裏，固定的部分還充當翻滚安全設置，滑動的部分則充分打開寬度。拉伸金屬内部到外部的距離與外部到内部的距離之間的差别可以提供不同的景色。

封閉着的遮光簾從外部看是關閉的，而從内部還是可以看到外面的景色。

選擇手動開或關金屬遮光簾使它的結構變得簡單明了。

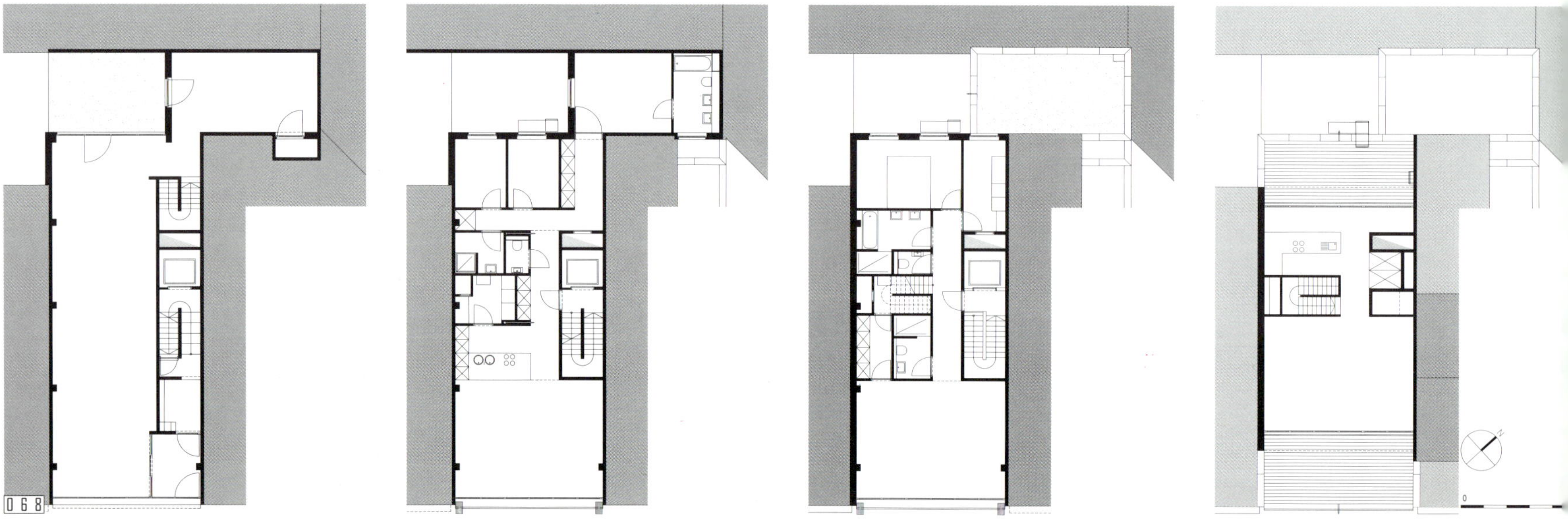

# 070 MIYAHARA ARCHITECT OFFICE → House TN

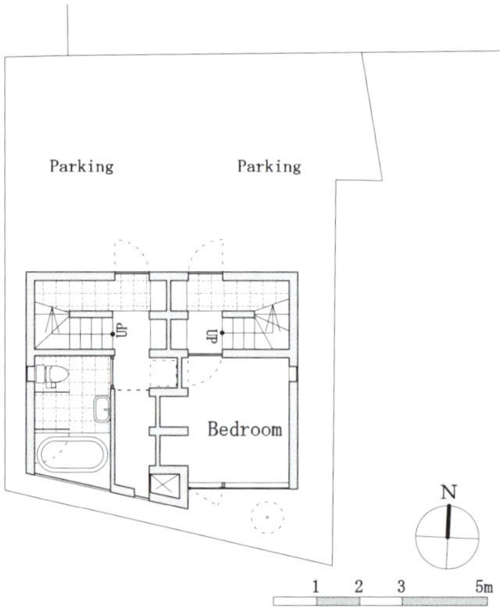

# 072 MOONGYU CHOI + GA.A ARCHITECTS ➜ Arumdri Media

Arumdri 媒體是一家兒童書籍出版公司。這個客户需要一棟4層的辦公大樓以供他自己使用和租賃。因爲這個地方是朝3個方向開敞的，有不同的風景，客户想每層樓都有個陽臺以便欣賞風景。爲了滿足客户非常簡單的要求，每層的平板都向不同的方向出挑，爲陽臺創造了一個空間。充滿陽光的小路，風景以及結構都在這棟樓的設計上扮演着重要的角色。同樣我們盡力懷疑在一個普通的辦公大樓裏同樣一層裏分層的做法。這樣的話，在這有滑動樓層的大樓裏，每層樓，包括屋頂都有不同的身份。每層樓有不同的内部裝飾，因此可以有各自不同的體驗。

길벗어린이
아름드리미디어

**➜ K Gallery**

Gallery位于Heyri邊界綫附近一座山的頂部，根據Heyri文藝穀
寺的規範和條例劃設計爲平頂。客户要求一個多用途項目空
——居所、工作室、畫廊和咖啡廳，設計在一個面積爲454.5
方米的最小範圍内。
先，爲這個項目設計一個簡單的12m x 12m幾何平面圖。考慮
除了居所以外的空間都是供出租的，主要的垂直流綫被放置在外層。爲了滿足項目的功能，一些部分被擠出，與垂直循環有緊密聯系。

百葉窗（“陰影機器”）是設計的主要部分。該機器捕捉時間的變化，投射獨特的陰影。擠出的部分將創造更有活力的陰影。材料方面，由不同規格的鋼管組成百葉窗，因此它們更加功能化，同時在比木制百葉窗更經濟。我們在1:1實物模型中使用的第一種材料可以很容易地從本地批發商處獲得，建造2平方米只需要不到10分鐘時間。然而，在全面檢查之后，由于用于外部，我們選擇了有防銹的Corten鋼。另外，對每個單元的尺寸、深度和厚度進行各種研究，用以修正設計。

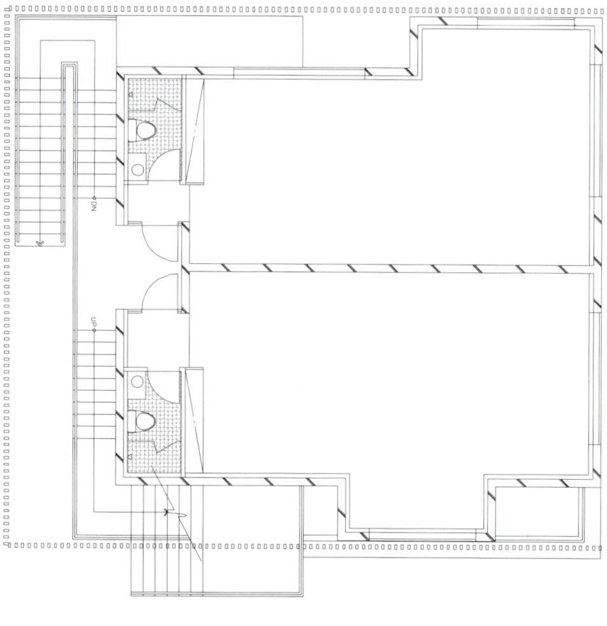

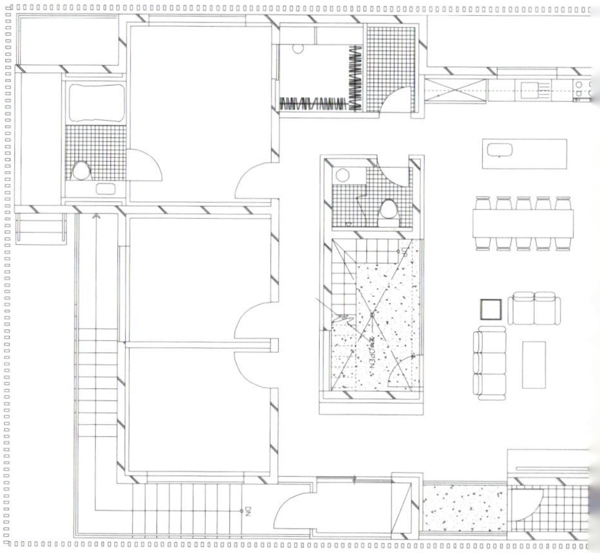

該建築位于亞丕雅古道内的古羅馬水利工程的考古遺址裏，是公共考古公園的真實寫照。這個臨時搭建建築用來存放和修復考古遺迹，代表着在這樣一種精致重要的歷史和自然場合下融入“新鮮”感的實驗。附近種植着植被的羅馬水池，以及在這樣的‘地平面’裏插入并且建立一個建築后兩者之間的關係，在某種程度上决定了建築材料的相關選擇，采用了兩種材料：玻璃和耐候特種鋼。

地平面

不設立任何外部遮掩的大片覆蓋的植被，在各種燈光條件的反射下，形成了一種主要體現風景或是構造整體透明度的立面。由于自然氧化作用，各種結構所使用的耐候特種鋼形成建築的“外殼”，融入于自然和歷史場景中呈現了不同的色彩。這個臨時搭建“體積輕巧”的鋼亭突出了它的“懸浮感”，仿佛暫時栖息于該地，不久就會飄走一樣。建築空間采用不同的處理方式：入口立面設計了一個耐候特種鋼面板，用來在建築内部“堆放”考古遺迹的集裝箱，另一方面，運用必要的封閉和劃分措施利用耐候特種鋼將建築平面隔成不計其數的平行“U”型板條外觀，减少了體積輕巧的特征，空間看似更低更具有延展性，類似于附近的羅馬水池的風格。

4
3
2
1
2.95
1.33
3.15
7.43

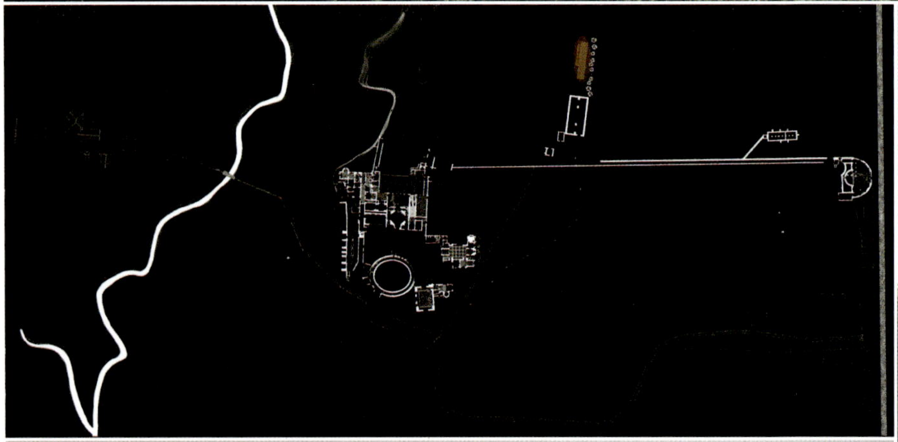

# ➜Castel San Vincenzo Archaeological Museum

博物館是專門用于儲存和展示靠近摩裏斯區沃爾多諾河源頭的聖・威辛卓・阿爾・沃爾多諾修道院古代遺址的場所。它是歐洲最重要的中紀古代文物之一，是中世紀末期歷史的大量重要遺迹的見證者。

這座大樓是一個充滿内容的個體和容器。在這裏，建築結構和覆層恰與展區的設計吻合：展出事物成爲參觀者可以進入的隧道，他們可以現不同的展品。建築理念與其表現理念相一致。這樣，在大樓的外部以看到所有的展示體系。大樓呈螺旋式，懸浮于出土文物之上，擁有個用光滑的微穿孔銅材料構成的延續正面。銅面的下方是在夜晚發光被酸侵蝕的玻璃，這有助于上層形成懸浮的形象。大樓的低處部分陷地表之中，擁有恢復工程工作室、儲存區、臨時展示區以及一個研究議室。到達市政大樓的二層，則擁有與這個古代遺址相關的長期展覽動。

大樓以兩大展出事物著稱。第一個由一個隧道體系構成，這些隧道沿主展示路綫的螺旋形狀向前延伸。在展出事物中行走，游客可以與主環路綫進行不停地視覺交流，接觸更多的私密空間。這些空間是進一研究各種各樣的話題和進一步參與其中的理想條件。第二個體系涉及内面的設計、圍欄的“皮膚”。内面是由展出事物和透明條帶交替而成。那些條帶則構畫出了周圍環境的全景框架。

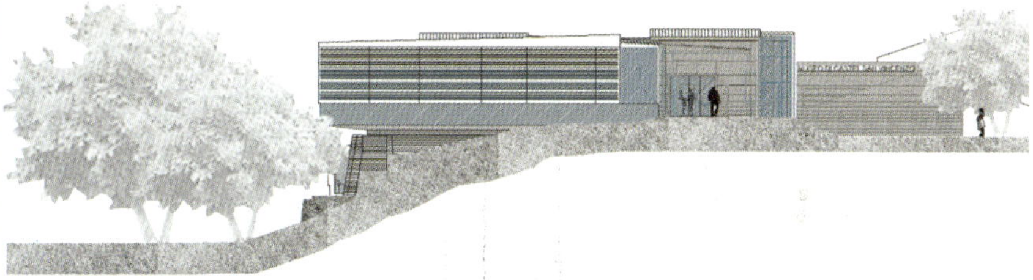
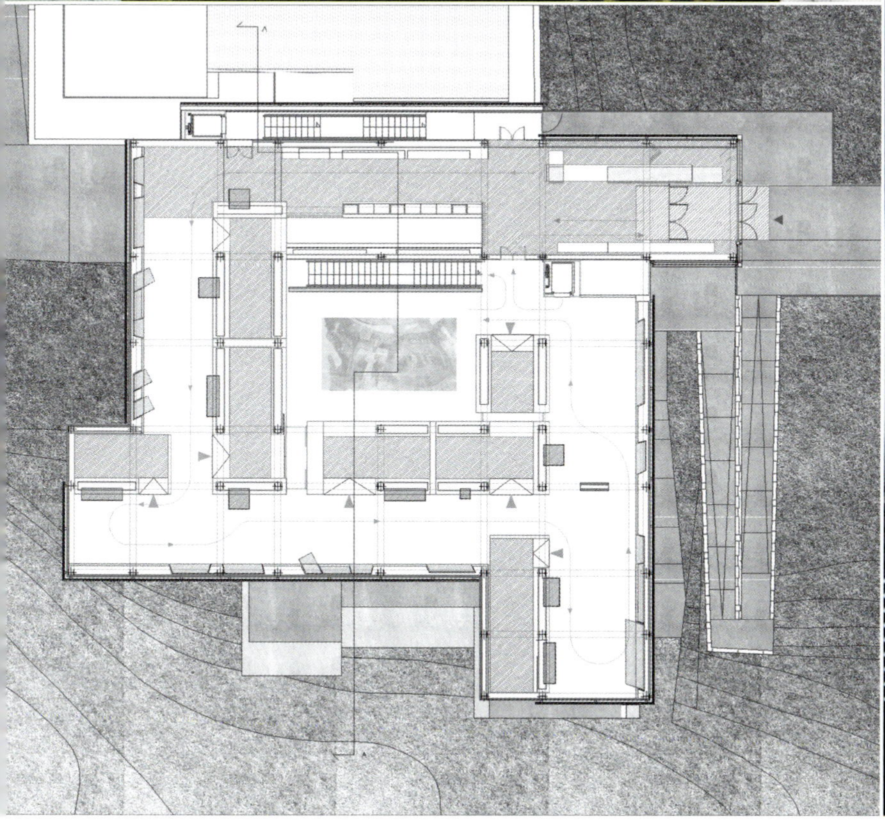

# ➔ Casartusi Forlimpopoli

卡薩阿突斯是第一個旨在改善家庭菜肴的烹飪文化的中心，一直與出生在弗裏莫泊泊裏的帕裏格裏諾·阿突斯的名字聯系在一起。在Chiesa dei Servi，一個具有無可質疑的建築和歷史價值的古代修道院的整體中，卡薩阿突斯占地2800平方米，擁有各種各樣的設施：長期或臨時的展區、專業或普通的圖書館、一個家常菜肴餐館、食物和酒類品嘗區、會議室和烹飪學校等等。工程的核心是歷史性的門廊，這是一個由幾種材料組成，微微傾斜的平面，吸引着游客走行穿過門廊，進入卡薩阿突斯。就場景的材料和視覺感知而言，設計的主導理念是把這個歷史性整體中不同而又特殊且具有功能的各個單體作爲一個完整的實體來解釋。阿突斯先生的故事成爲從思想和視覺上把整個大樓連接起來的統一性元素。玻璃和鋼條的交替使用的介入，形成了一個明顯使内部空間具有特色的單一體制。這種介入以3種外加一種材料而突出：鋼、玻璃、聚碳酸脂以及建造地板的石頭。這些不斷地進行細小的變化，以便更好地抓住阿突斯故事的意義。

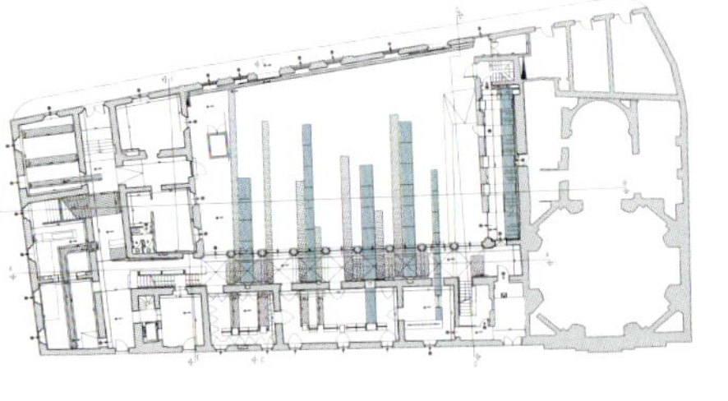

Biblioteca

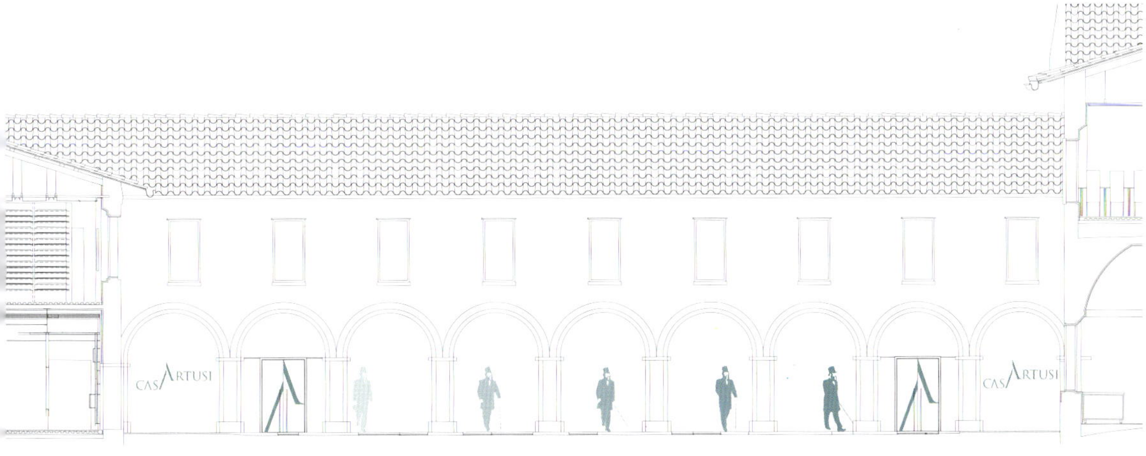
casArtusi
casArtusi

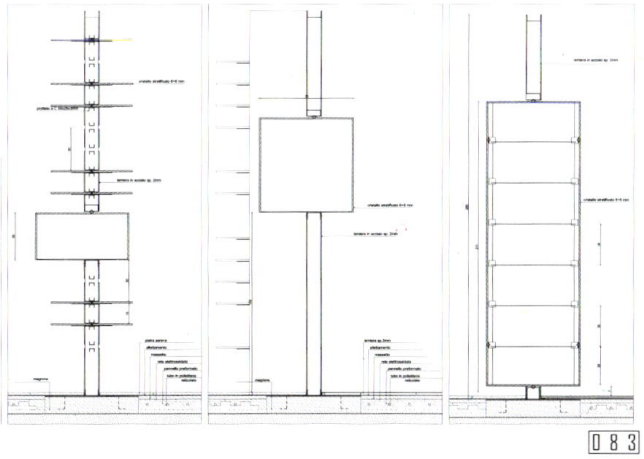

Galleria

cantina

# 086 OFFICE AICHER ARCHITEKTEN → Einfamilienhaus Schwendebühel

這套住宅位于一個斜坡，可以俯瞰多恩比恩，西面可以欣賞萊茵河穀，上面有通往住宅的馬路。

爲了最大程度欣賞到美麗的景色，厨房和卧室坐落在最高一層，下面一層是卧室。建築建立在混凝土板上。最低一層是完全開放的空間。

房子南面搭建了兩個大型的屋頂平臺，相互折叠在一起，確保夏日的午間太陽不會照射到這裏。平臺之間有樓梯連接。樓梯有單獨的臺階，將各個平臺固定在面朝北的一大堵清水混凝土墻上。這面墻以北和平行的方向坐落一面天然的石頭墻，將住宅和上方東面的馬路隔離。

卧室的平臺前端修建了半邊游泳池，從支撑墻突兀出來，面朝山穀。最低層被用來修建一個開放式的帶有屋頂的室外區域，如果有需要的話，可以進一步發展成爲居住或辦公場所。

材料的選用相對簡單，例如，室外采用了天然石頭，清水混土，擋風玻璃，鋪有硬木板，室内采用了橡木板，泛出光澤的色夾具，天然石頭和清水石膏。

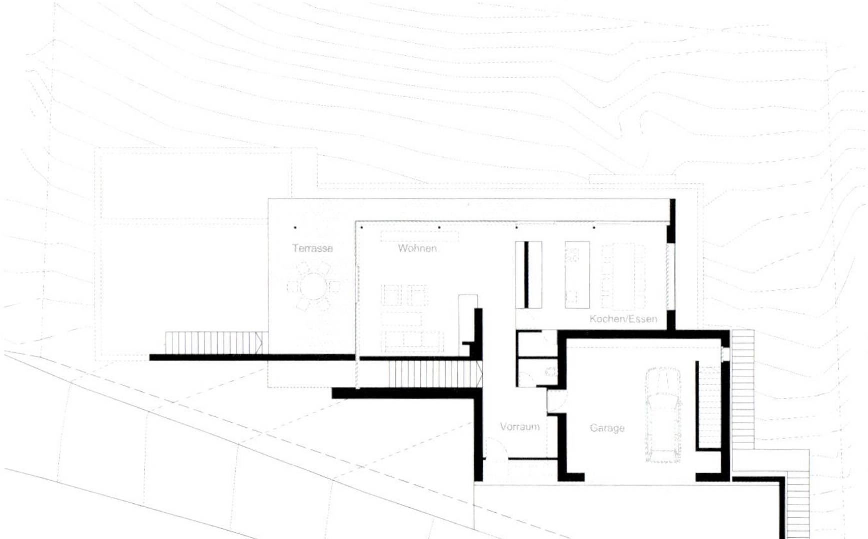


OBERGESCHOSS

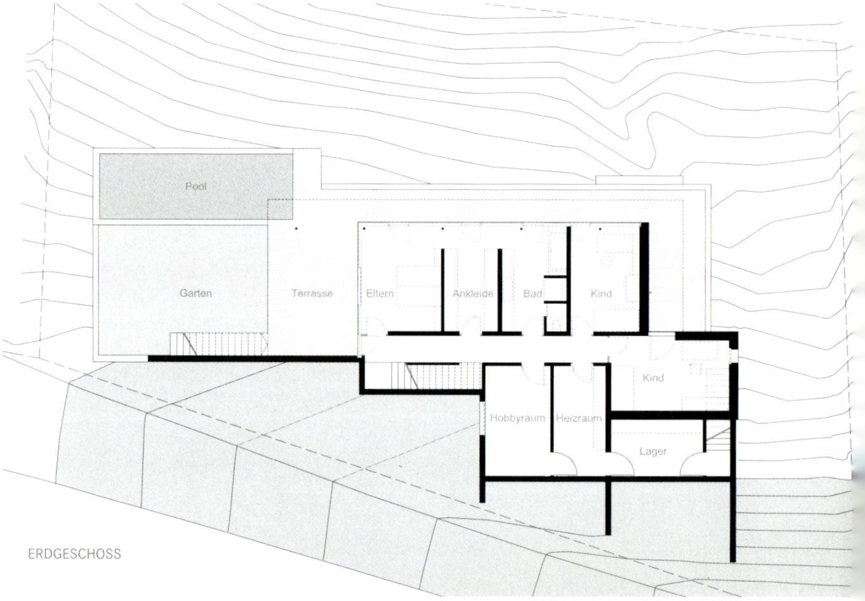


ERDGESCHOSS

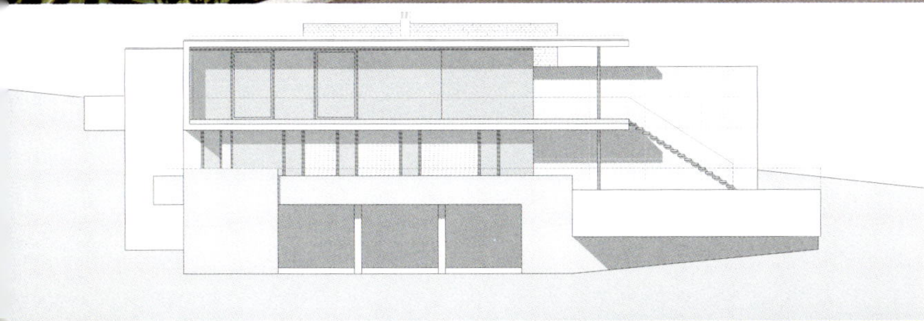

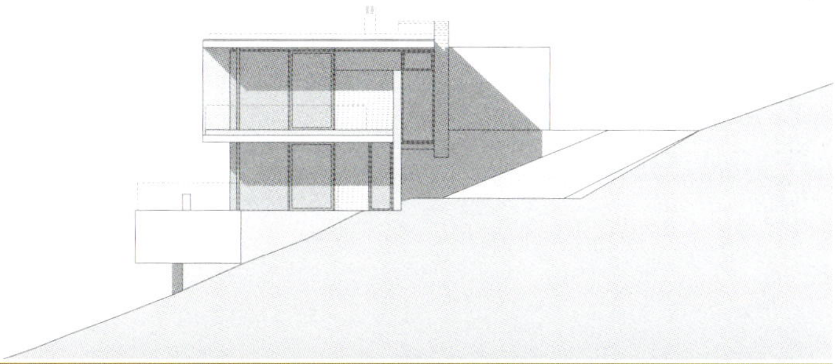

# 088 OFIS ARCHITECTS → Football Stadium

以RING作爲入口的標題起源于1998年比賽的勝利。

設計構想是在城市中心建成一個多功能的體育場。在20世紀60年代，該場地建有一個帶有弧形水泥屋頂的看臺。

主要構想是想將原有看臺變成足球體育館，并將現有的建築物延伸，覆蓋看臺（可容納12500名觀衆、貴賓和新聞報道設備）以及附加的公衆項目，如有游泳池、商店和餐館的兩個體操館和健身中心。

本項目的構想是環形的看臺包圍公衆設備。最低點和最高點要根據觀衆的視角質量來決定。在場地的角落，也就是視角受限的地方，更換了入口。在這裏，環形結構被破壞了，改成了水平入口。然后再逐漸抬升，并到達場地中間的最高點。體育館配備了盡可能多的座位，提供了觀看操場的最佳視角。環形體育館的走廊采用了雙層幕墻結構，爲貴賓、新聞記者和需要休息的運動員提供了包厢。在基礎運動大廳，商店被移走了。基礎結構的屋頂形成了看臺的入口，從這裏也可以看到旁邊的稍小的體育場的比賽。

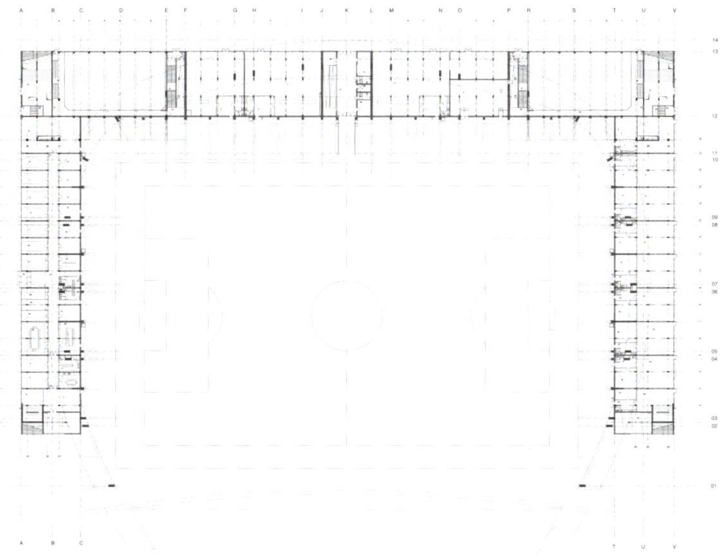

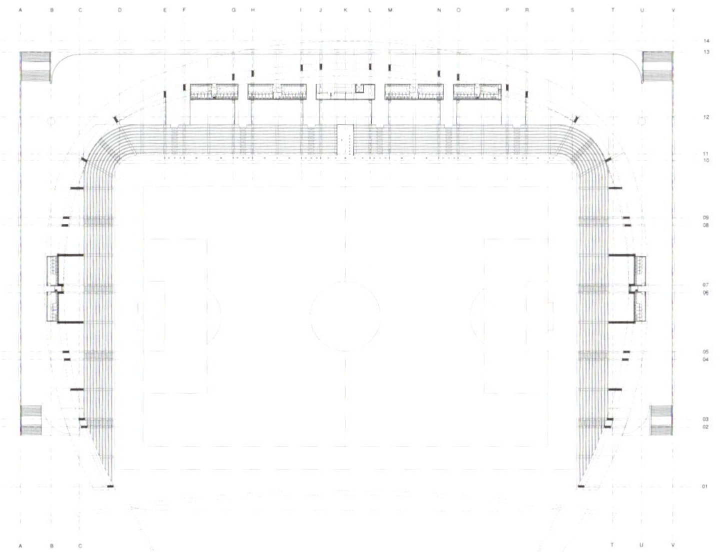

# 092 OFFICE dA ➜ Macallen Building Condominiums

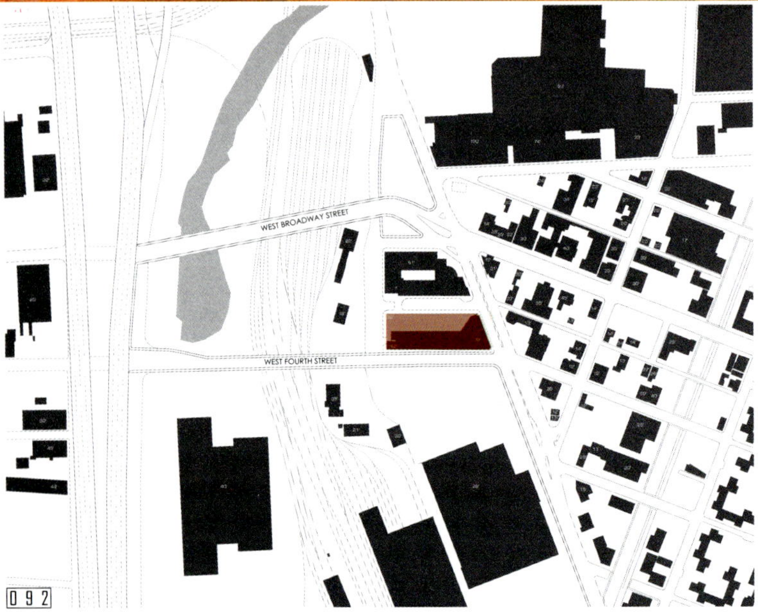


作爲南波士頓新興城區的主要大樓，麥卡倫公寓樓的設計需要重新對傳統居住區的地形進行思考，以在房地産開發商有競争的經濟預算之内開發一個創新的大樓。這棟大樓位于高速公路出口匝道。這是一個在舊的居民樓和一個工業區之間的過渡性地區，由不同規模和城市形態組成。在西端，這個大樓通過一個幕墻來回應高速公路，幕墻可以看見大樓裏面居民的全景。在東端，居民樓正面的磚玻璃加長了店和人行道的距離。在北邊和南邊的正面，銅鋁板反映出了工業區的組件并且詮釋出了結構系統組織。另外，麥卡倫公寓樓是利用緑色建築技術和材料從地面往上建的。它在波士頓這種形式的大樓中，是第一棟通過LEED證的大樓。

意義

這是個位于歷史區域，廢弃工業地以及一個基礎設交匯處之間收費的并且條件艱苦的城區。這個工程規模和範圍非常的大，是在向Office dA′示威，Of dA′不得不在獲得公衆批准的復雜過程中工作。麥倫公寓樓設計獲得了LEED白金級認證，是Office dA加快和推廣可持續發展中的標志。

攝影師：John Horner

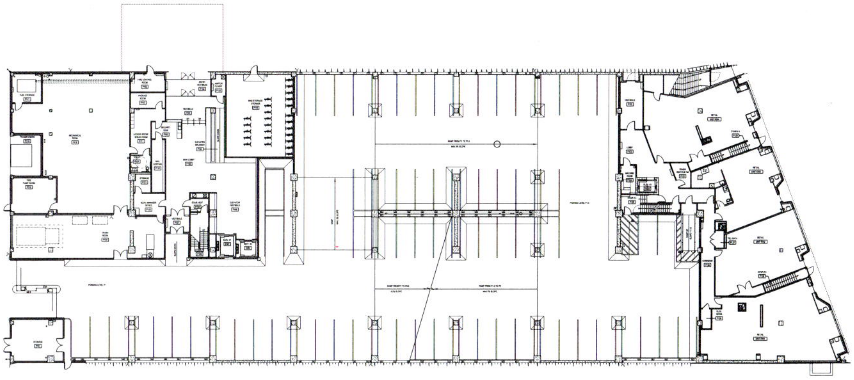

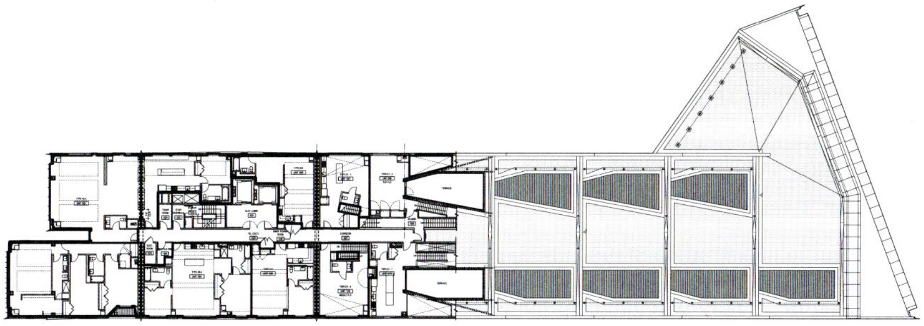

10TH FLOOR

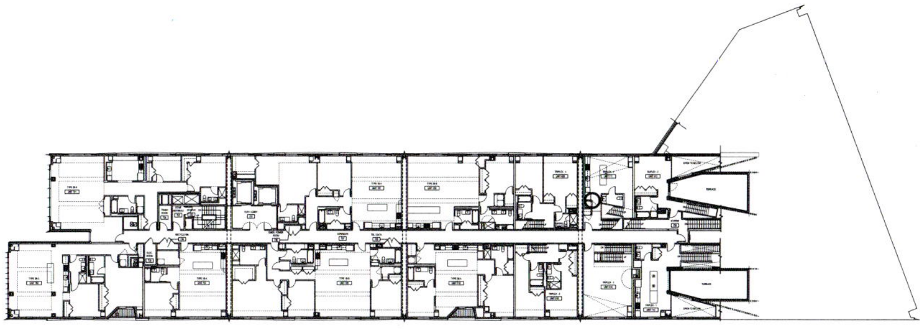

7TH FLOOR

# ➜ Tongxian Gatehouse

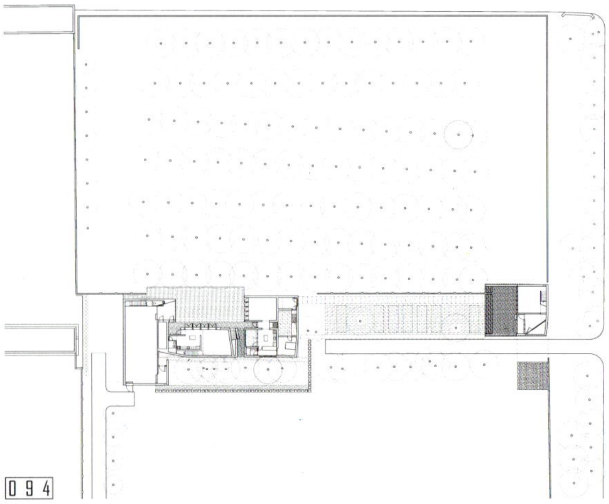

藝術中心在一個離北京50公裏的一個地道的小村裏，看起來更像是人烟稀少的鄉下地方。但這裏在國際舞臺上可小有名氣——住在這裏的大約200名中國藝術家都是在美國、法國和德國等各大畫廊顯過身手。盡管這裏在國際舞臺上聲名遠揚，但這個社區還缺少一個作爲磁性核心，能起互動作用的公共空間；一個能够作爲藝術展示、接待和典禮的場所。因而，一群藝術家、評論家和經紀人等聯合起來購置了這塊地，并形成了通州區藝術中心項目作爲接待來訪的國際友人的基地。一期工程是一個門房，包含了藝術家們的居住和工作空間。二期工程將包括公共空間、雕刻場所、管理空間和機構所需的各種基礎設施。

門房被認爲是已收縮包裝或真空成型的整塊巨石。因此，它只作爲一個例子，而不是建築的“理想化”房間和走廊的規劃，挪用了樓梯底下的有限但是至關重要的空間作爲通行的通道。體面上出現的扭曲裂縫是由于爲通道、樓梯必需的的踏步板和步竪板留下必要的净空高度以及使得任何隨之造成的臨近空間費最小化而造成的，因此比喻成收縮包裝或真空成型。外面是地産的磚和Chuzumu木材。此表面和内部需測試磚、混凝土和膏之間可能的相互作用。

# 096 OGRYDZIAK / PRILLINGER ARCHITECTS → T house

史
工程爲投機性的獨棟別墅的第二個設計，具有很高的配置。盡最初的建議得到允許，客户還是要求對該工程整個進行重新施，以便按照設計要求達到表面一致。其中開發者考慮到舊金山覇的正方形的最佳全景，臨近的"隱私結構"使它不能按其所象采用誇張的效果，不規律的中板使其對于户外空間的分布，具有典型的要求。

略
T型表示建築物的中板的位置，形成兩個院子和一個后院的户空間，同臨近的户外空間互相呼應，同時，使場地建築的使用最大化。爲了形成一個"隱私結構"，以維護鄰居建築的景色，該T型深深埋入陡峭的斜坡面以下。從大街的有利位置看，建築物的三分之二的空間都被隱蔽起來，盡管整個結構在對應的一側顯示爲斜坡，導致房屋開起來整個是裸露出來的。

從外形來看，地平面的腐蝕情況同堅固的T型的腐蝕保持一致。兩個主要的庭院都雕刻入T型的上層綫棒和一個較深的中部槽口也被移開。T型的剩余結構，爲所有這三個室外空間形成封閉的屏風。切割反射在雪松魚鱗板的表面上，包括了主要的T型結構，顯示出一個灰暗的灰泥的塑性，這裏大多數都已從原來的物體上移除。在中間位置，T型根據房屋的中心和暴露的景色進行排列。該排列包括空間物體的順序，其爲連續的公用户外空間或"結構空地"：入口走廊，雄偉的樓梯，爐邊，起居室。在一個三倍高的樓梯中間和雙邊的爐膛，將兩條横木釘成T型，同時兩倍高的監視器爲埋入地面以下的房屋傳輸光綫。

攝影師：Tim Griffith

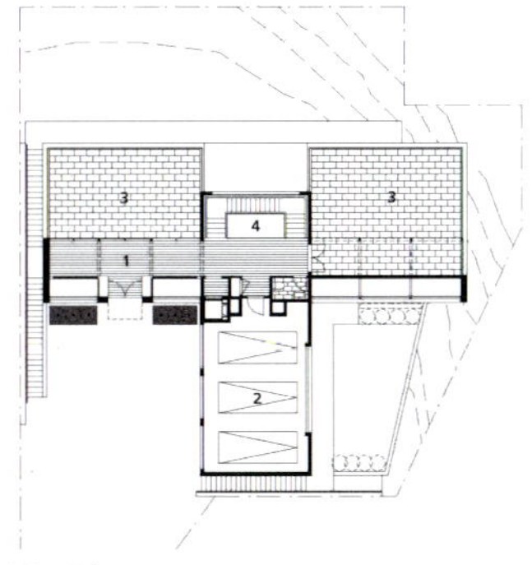

1. Entry Hall
2. Garage
3. Terrace
4. Stair Hall
5. Inglenook
6. Living Room
7. Kitchen
8. Dining Room
9. Family Room
10. Study
11. Master Bedroom
12. Bedroom

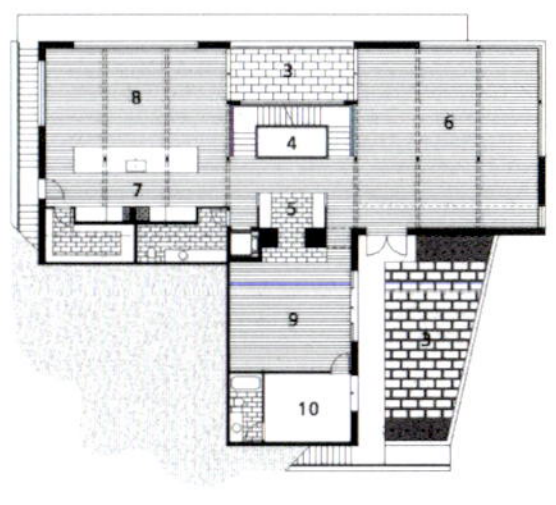

PLAN: Level -1

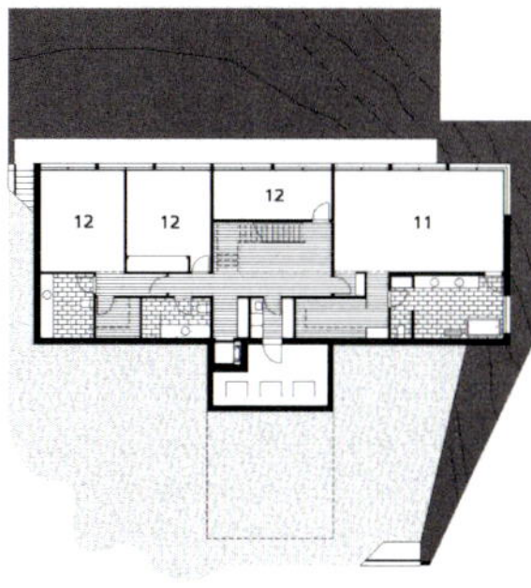

PLAN: Level -2

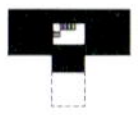

## ➜ Concrete House

該項目涉及了對現有1974 年建造的澆築混凝土和磚瓦房進行大積的重建和改造，房子從夫妻居住改爲家庭居住。新業主于2001購買下這套房子后，據説是購買了當地附近的“煤倉”。 房子來背面臨街，外面看起來非常隱秘。室内采用開敞布置，没有安特意的私人空間。

這套占地面積650平方米的房子是一個混凝土巨商負責修造，這巨商同時也爲附近13號公路提供混凝土。所以，在現澆混凝土造筒形拱頂的工藝要求非常精致——這明顯是對原來客户和建築喜愛凱恩肯堡博物館所做出的考慮。然而，由于房子環繞一個中庭院設計了幾個房間，實現了隱私的最佳保護，所以從室内照射后院的燈光就采用了單光源。項目難題是在不犧牲原來建築呈現的積極特性的前提下，幫助新業主了解這個房子適合家庭居住的因。

重建的目的是把房子變爲適合家庭居住的實用房，重新粉刷一新帶給房子新的感覺， 但是同時也要保留當初不惜重金使用外露料和視覺開放空間所呈現的本質。最初的卧室空間，厨房和浴室經過了重新翻蓋，爲的是最大程度實現空間的靈活性——提高現房子的空間延續性和開放空間，同時也可以建立私人圍欄。在材上，我們可以看出原有混凝土、磚塊、洞石建築和新型開闢空間入因素之間的明顯區别。重建前的材料是文格、洞石、藍色熱軋或是青銅色的陽極氧化鋁，但是新型介入材料采用了白色櫟樹、玻璃、白色大理石、白石膏和白石膏夾心紙板。

在四面環繞玻璃的卧室裏，火爐和外面的池塘排成一列。可滑動玻璃門可以進行全面操作，擴寬了室内空間，使其延伸至庭院。厨房在房子發揮生活功能時完全展開，同時也可以使用超大的折門設備關閉厨房，滿足正式場合的需求。三個新卧室——每個臥作爲個案經過了精心策劃，“插入”進現有的砌體建築裏——被

祈接納，每個房間要求在原來固體圍墻上安裝窗户。

影師：Tim Griffith

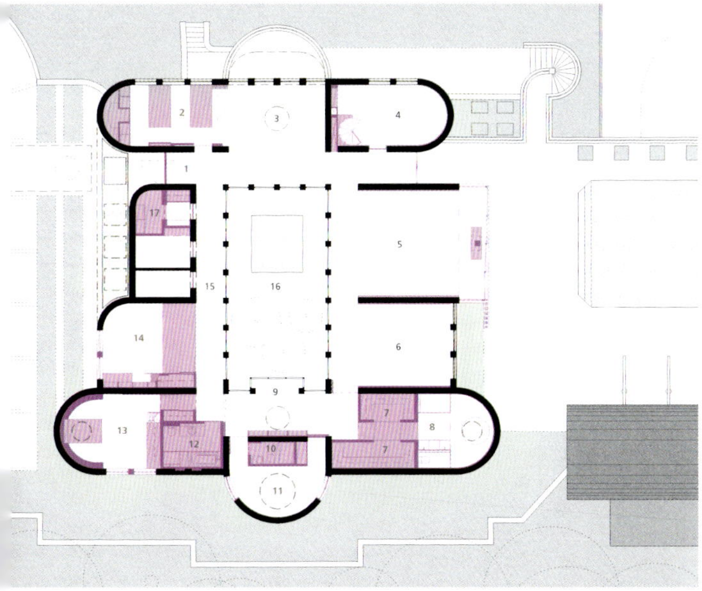

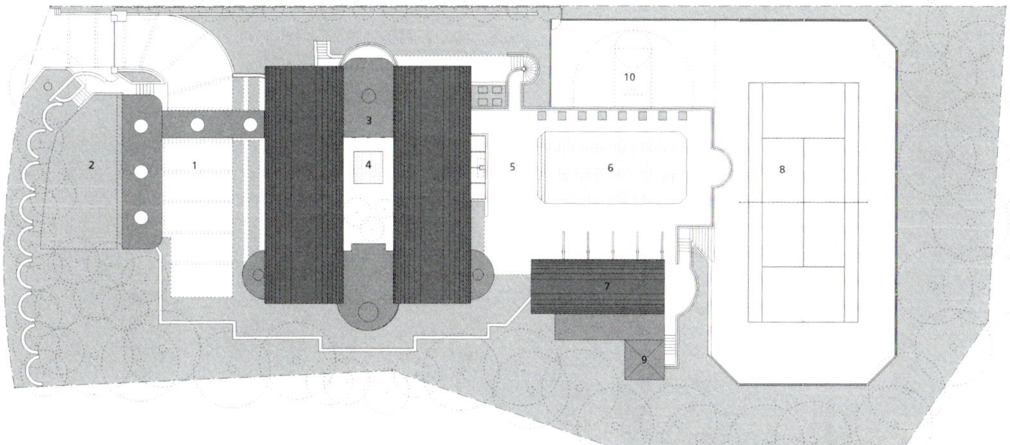

1. Motorcourt
2. Underground garage
3. Main house
4. Central courtyard
5. Rear courtyard
6. Pool
7. Guest house
8. Tennis court
9. Garden pavilion
10. Half basketball court

# 106 OYLER WU COLLABORATIVE → Suburban Intervention

在洛杉磯市中心的東部的地方，一個搭建成傳統郊區房的社區裏出現了一些問題。一些建築師最初由于興趣對裏現有房屋進行觀察，重新思考了尖屋頂，排水系統和蔽裝置等的常規設計，但是思考角度并不是從鄉土出發當局經過幾個月的大量調整，環境和技術條件詳細商后，最終决定改造這個項目。目標主要是提高一部分的頂，騰出室外餐廳的區域，同時配備必要的排水和遮蔽置。當我們提高這部分林冠的高度后，存在幾個影響設方案的重大因果條件。

在方案的東面，清晨的太陽照射在這種不同凡響的結上，體現了造型各异的“翅片”結構。在方案南面，爲遮擋南面太陽照射的光綫，有必要將12–13英尺高的屋向下彎折。爲了使得水流從屋頂自然留下，屋頂和房子接口不能接觸已有的樓層地面，并且增加了遮蔽裝置。低林冠之間留出了楔形空間，傍晚的太陽偷偷照射到各林冠層，不斷攀升的起重機懸臂却又遮擋了傍晚太陽。

攝影師：Art Gray

# 108 PASCAL ARQUITECTOS

## → Mourning House

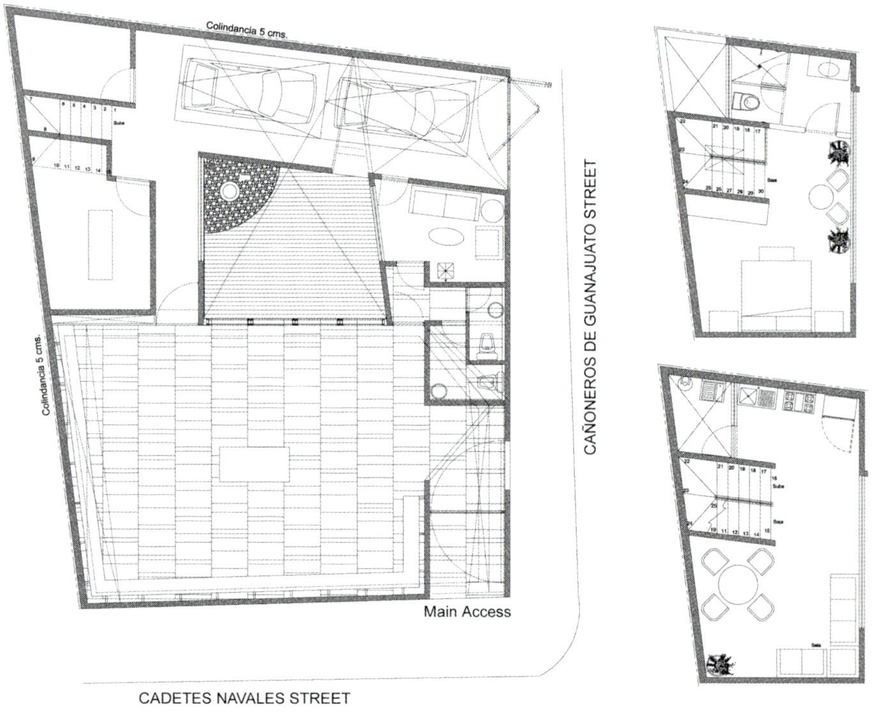

該工程有很強烈的情感暗示。我們必須了解使用者的心情，該使用者在此時不太會關注美感問題，但是同時我們也希望能創造一個可以產生心靈情感的空間。因此，我們提到用古建築元素來實現這一目的，例如：埃及人的石室墳墓或瑪雅人的帕倫克文建築。

通過分散使用材料與燈光來創造一個自省與平靜的視覺和諧氛圍。

建築物位于居住區，計劃與周圍其它建築物隔離，建設一個室内照明庭院。建築物的正面完全被波蘭墓石焰花崗岩覆蓋。

建築物有一個三角形木制門，以同樣的形狀引領進入一個入口通道，當您進入時，創造了一個莊重的氛圍。入口處光綫變暗，走廊面向一個大型雙層花崗岩墻，北面有光綫從室内庭院照射進來，其中間有一個很高的龍血樹，還有一個由藝術家Saul Kaminer設計的象征性抽象雕塑來做爲裝飾。

在空間内部没有使用任何裝飾品，僅有一個可移動的臺座，由木頭制成。將空調、揚聲器及照明設備隱藏起來，以增加矚目效果。室内無任何裝飾品，燈光照射在花崗岩上。天花板由黑色龍鳳檀木及浮體制成，没有與任何墻壁接觸，通過天窗將房間各部分照亮。

攝影師：Víctor Benítez

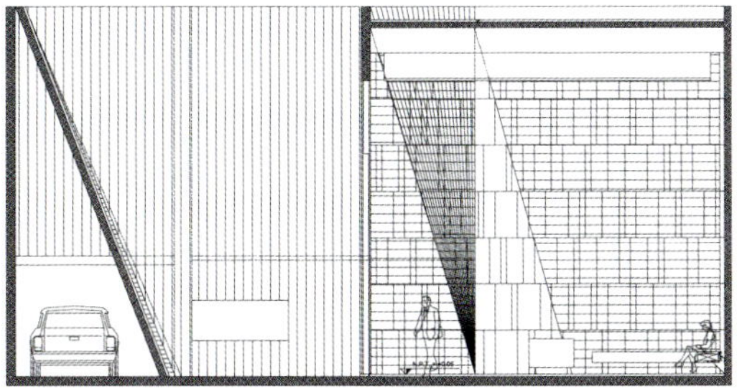

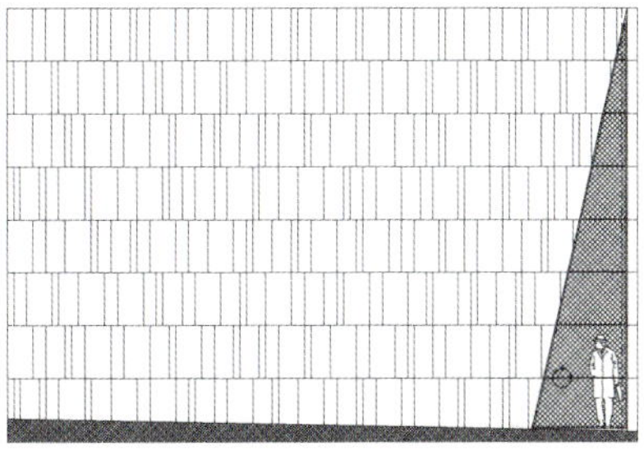

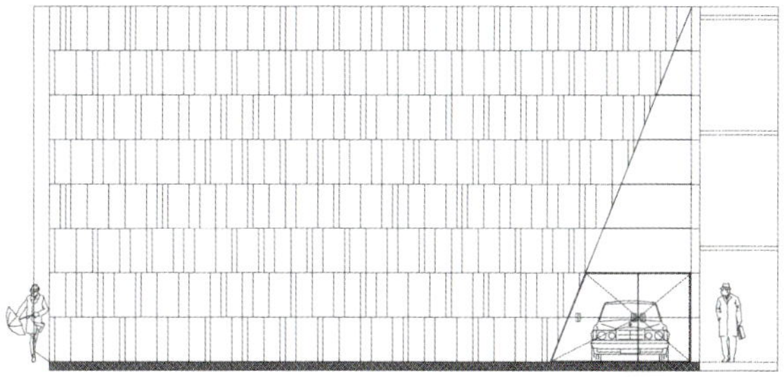

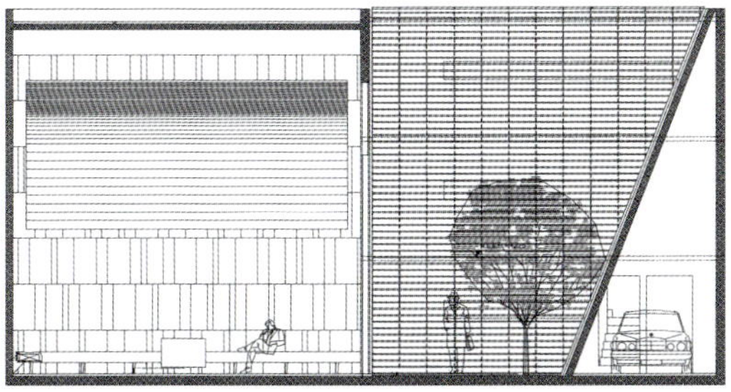

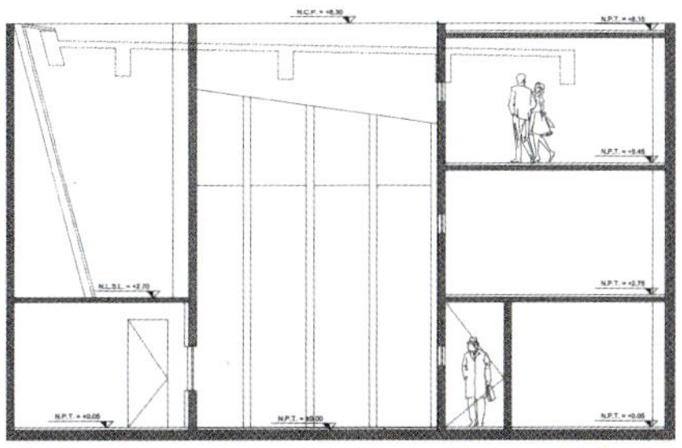

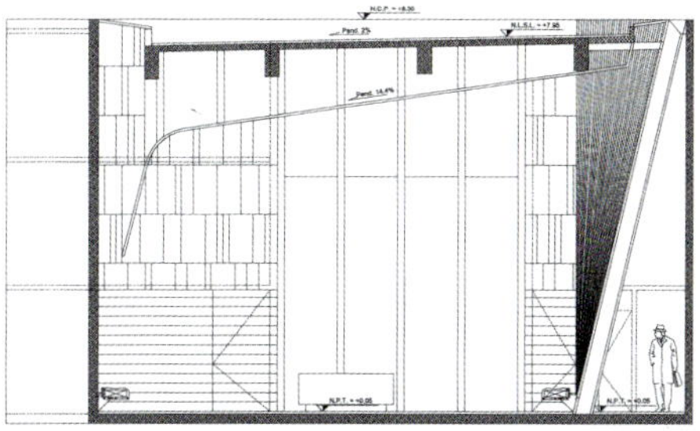

福拉爾貝格州肯奈爾巴赫的單棟家庭住宅

該地點一眼望去，感覺非常漂亮，設計巧妙。在北部和北西部佇立修建好的家庭住宅，南部靠近一條河流，岸邊生長着大樹，旁邊還有一條人來人往的自行車道，唯一進入這個地方的方式就是驅車前往。該地點南部的一小塊空地上停放着家庭使用的兩輛車。

建築師根據已有的條件提出了把建築的生活區提高至2樓的理由，打算將卧室移到底下花園那一層。雙車庫上的屋頂也可以作爲一個空曠的平臺，車庫和餐廳前面有頂滑動門相連，另外還有一條狹窄樓梯，通向花園。平臺的封閉式前端阻止附近的行人和慢跑者經過窺探頂層的私人生活。頂層也種植着高大的林冠，中午充分吸收了太陽照射，將陽光引入卧室。

當建築完工后，有天客户跟我説：房子裏一直有路，可以來回游逛，欣賞無限風光。這似乎没有窮盡，當你到最后一間房子裏，你可以從窗口向外張望花園或是抬頭欣賞天窗。我認爲這個表達非常貼切，這也表達了這間小房子的哲學：一般沿着建築兩端設計長長的通道似乎是不切實際的，但是住户可以不停走動，感覺房子比實際看起來空間要更大。

底層地面塗上一層黑的發亮的石膏，頂層地面則是覆蓋了一層天然木瓦。窗户和平臺地板由橡木制成，受時間和天氣的影響，顏色變成灰色。

攝影師：Robert Fessler

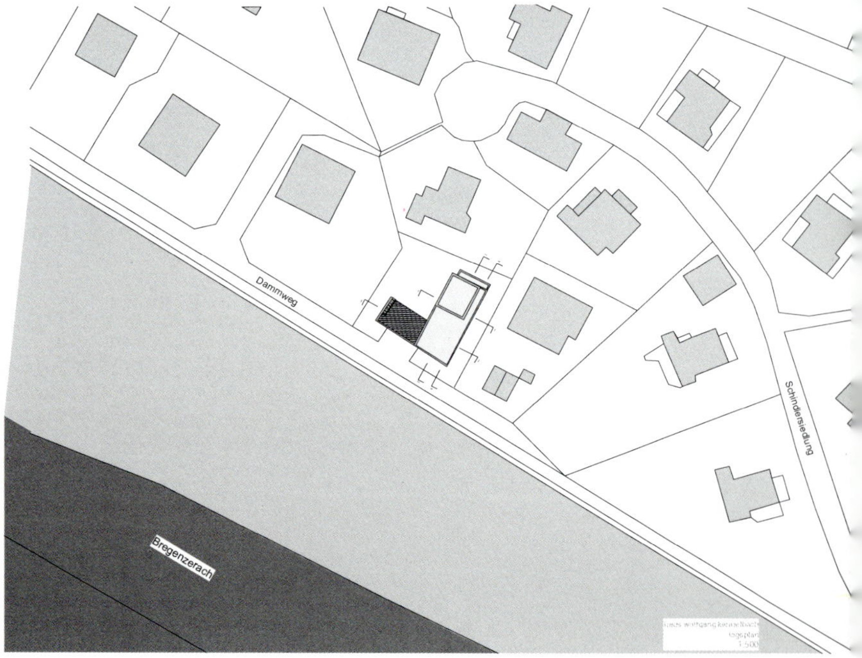

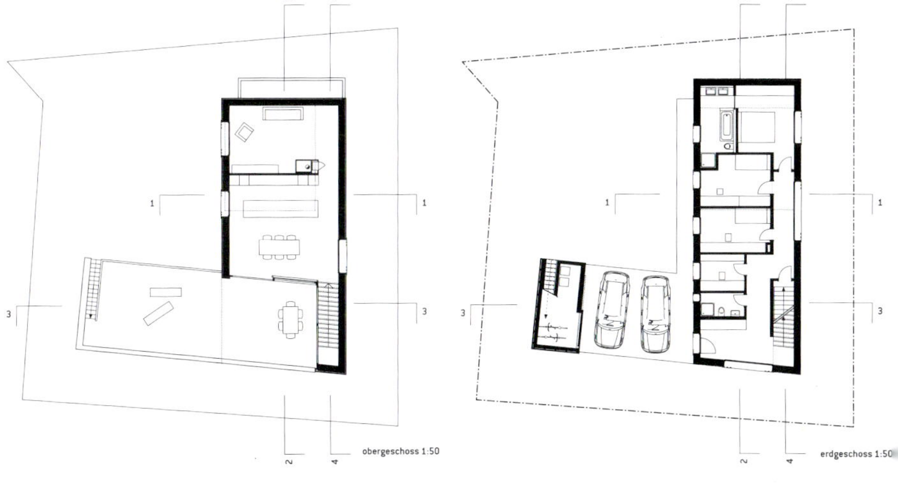
obergeschoss 1:50
erdgeschoss 1:50

## ➜ Michelehof in Hard

這是一個帶有釀酒廠和販售酒的農場。

阿爾伯特布希勒先生和他的妻子伊麗莎白所擁有的農場位于小村莊哈德的中心地帶，緊靠着康斯坦茨湖。 他們以及他們的孩子和外孫一起在這個傳統的建築裏工作和生活。

這個傳統農場的隔壁挨着一個舊釀酒廠，零散分布了幾個穀倉和馬厩，雖然這裏景色迷人，但不能滿足高效工作。自從阿爾伯特成爲當地有名的釀酒師后，他提出了在他所熟悉的這片土地上翻修釀酒廠，雖然地點不變，但是要賦予新的功能，創造出一種友好款待的氛圍。

除了翻修釀酒廠，他還在尋找合適的地點修建一個招引客户的商店和會客室，以便接待晚間的賓客。但是商店和會客室僅僅位于建築的前端，后面長長的空間主要是水果倉庫和機器大廳和木材倉庫。在斜屋頂的建築下面，還有一個學徒的工作室和儲酒倉庫。

這個多功能的建築現在必須在一個窄小空間裏實現。我們希望搭建一個傳統式的屋頂，同時也采用傳統方法加以修復。除了技術原因外，這個農民的家人還希望建築能够體現當地舊式農場和干草倉庫的象征價值。

我的辦公室將計劃和細節交給了阿爾伯特，同時他也是負責現場和成本的經理。我們運用附近森林的資源，主要采用木材。表面粗糙的立面，其細節部位是現有干草倉庫的仿造。會客廳的内采用當地一種叫做白樅樹的木材裝飾，打磨得非常精致，裏面立一個開放式火爐。以前農場的椅子模式被徹底改變，現在的子設計成表面光滑，現代氣息濃的幾何圖案。大量的胡桃被用制作椅子。

該建築贏得了當地價值生産獎和一個國家建築獎。

攝影師：Nina Baisch

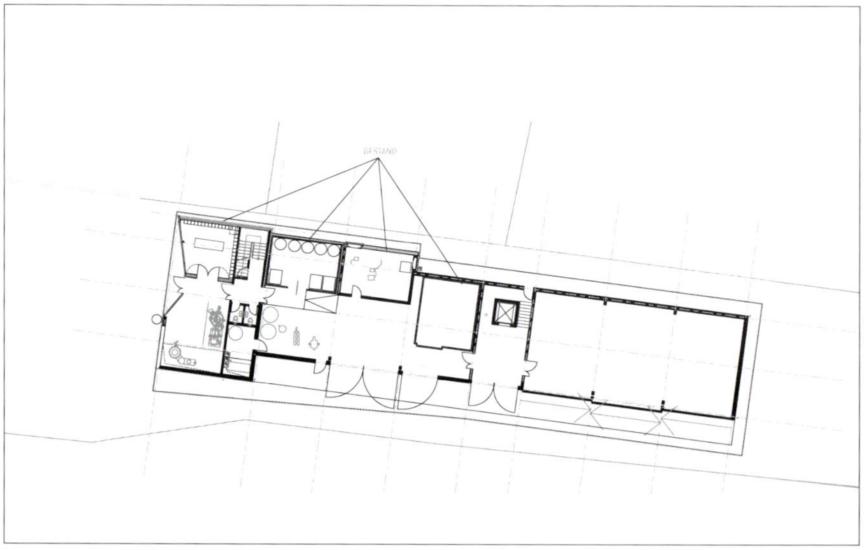

# 116 PHILIPPE SAMYN AND PARTNERS

## // Fire Station in Enschede (Netherlands)

大厦位于二條車行道的角落裏，并作爲城鎮的一種連接通道出現。它是市中心連接機動車道的南北大道的載體。車站室外材料由簡單、明亮木頭和金屬網組成。考慮到滅火設備的放置，宿舍和教學設施設在車庫的上層，而下層爲一套辦公室。體育館外墻由三種半透明聚碳酸酯厚墻壁圍起來，充當减震器，再由外面的鐵絲網防護。鐵絲網向上延伸，形成寢室木制外墻前面的欄杆。體育館附有金屬框架固定的外部樓梯。在樓梯前種植樹木，在没有影響緊急疏散情况下裝飾站點，樹木已被保護。

攝影師：Marie-Françoise Plissart

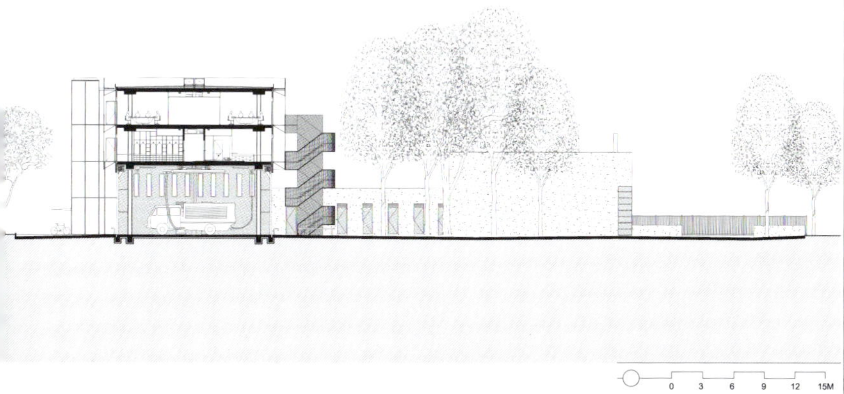

0
3
6
9
12
15M


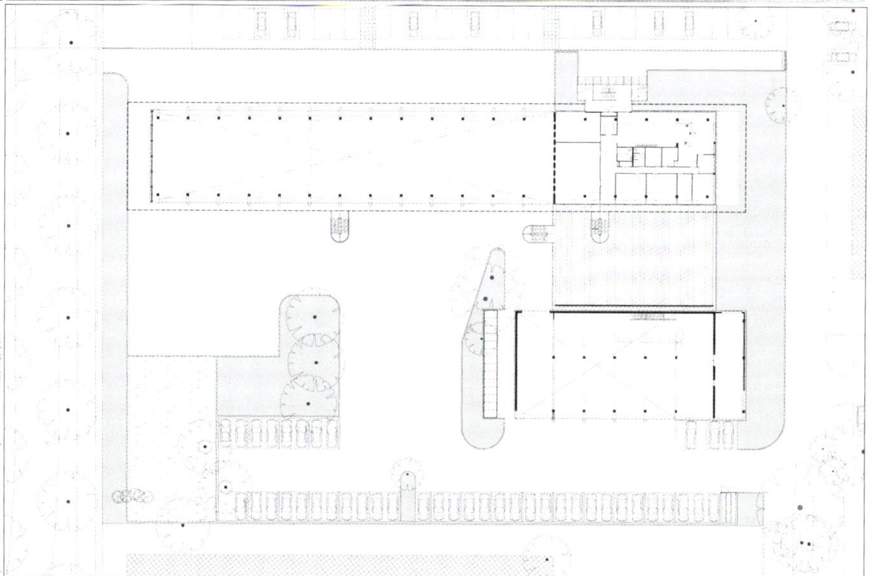

AMYN and PARTNERS
rchitects & engineers
EERSTE VERDIEPING
01-450-BRANDWEERKAZERNE ENSCHEDE · 2007-02-14
0
5
10
15
20
25M

## ➜ Glass Centre (Lommel, Belgium)

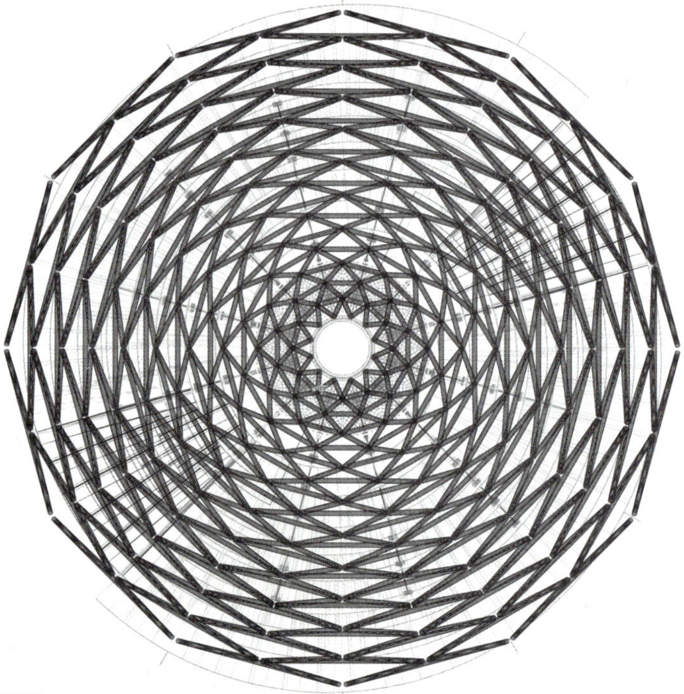

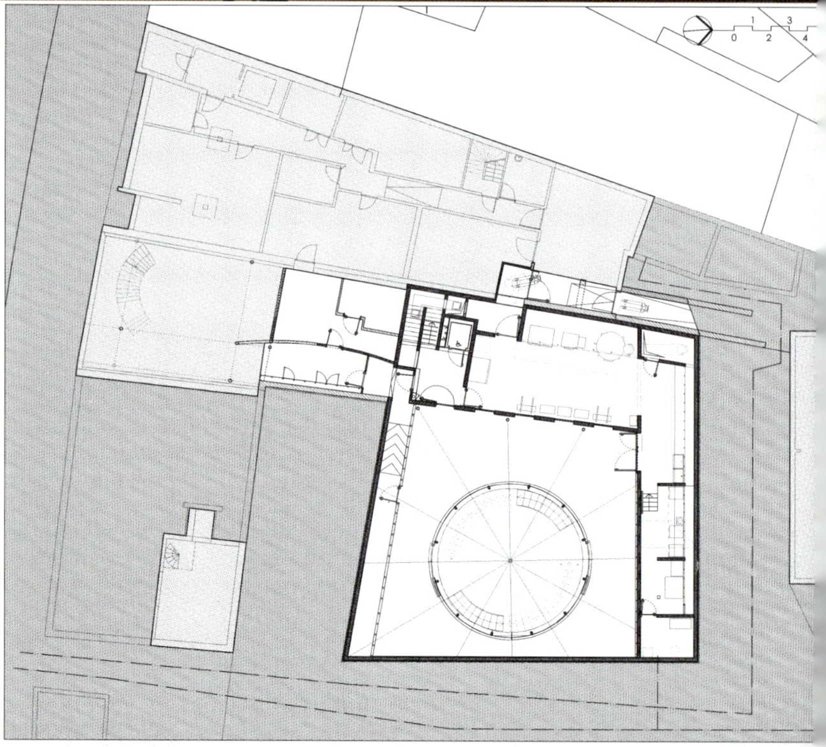

玻璃與金屬結構的使用給人留下深刻的印象，即二者相互連接時所展現的技術美。
新的建築是以舊的、無序分類的大樓爲背景的，這些大樓已經部分地被翻新了，由此他們在最純的現代傳統中形成了難以捉摸的鏈接。
低的兩層樓非常的亮，而且是以經典的方式設計的，他們的兩層樓包含着一個展覽廳，廳中有各種各樣的應用玻璃。

塔是引人入勝的，從下面看，它的細長椎體——30米高，底部的直徑爲8米——由可選擇的三角形包圍着一個懸挂的金屬雙層樓梯組成，其中此金屬雙層樓梯有塔的一半高。
發光二級管提供了夜間的照明，强調了建築物非凡的外觀。
制圖：菲利普Samyn 和他的合作伙伴

攝影師：Marie-Françoise Plissart

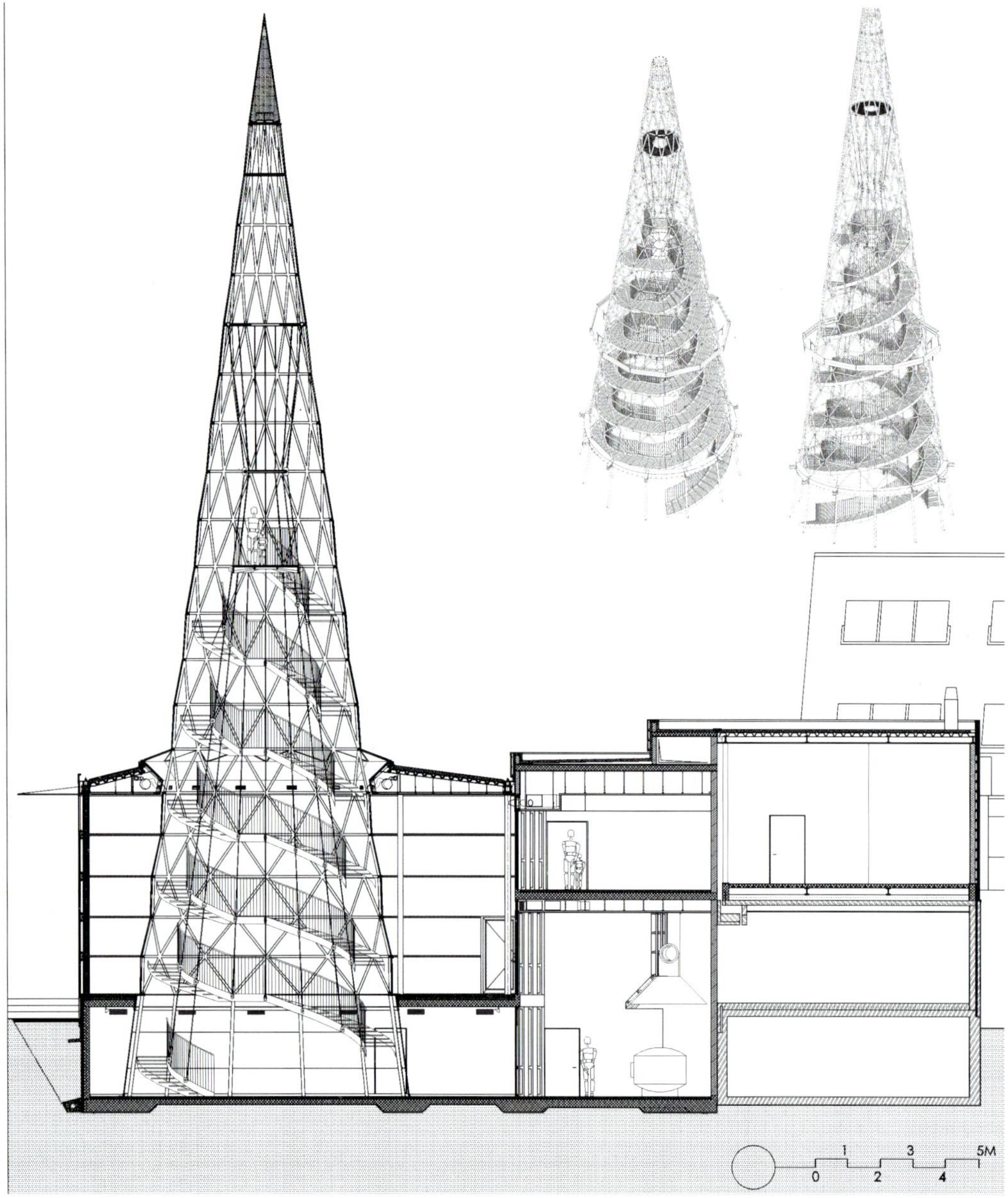
0
1
2
3
4
5M

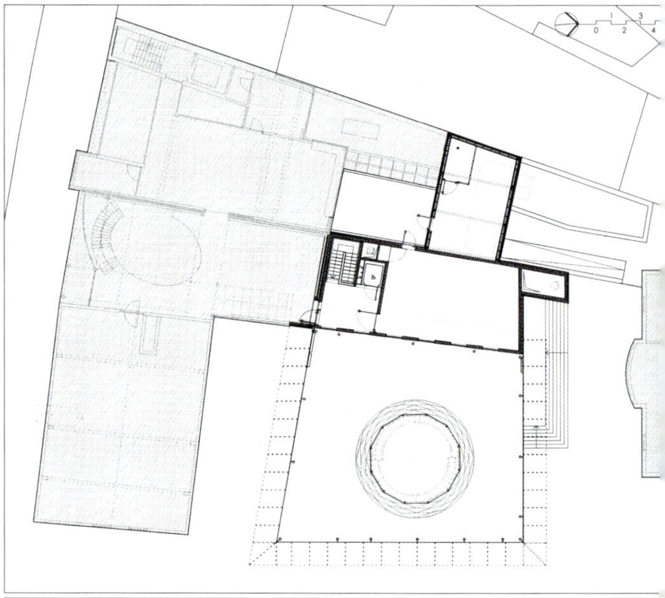

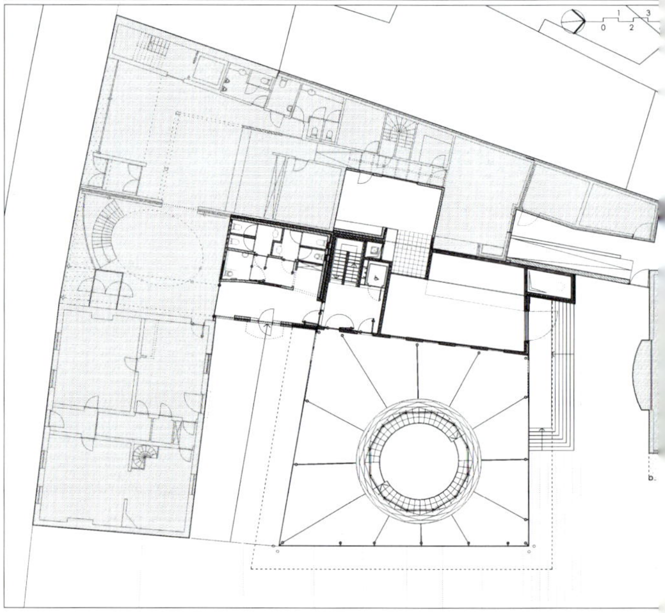

# ➜ Laboratories for the AZ-VUB (Vrije Universiteit Brussel Hospital, Brussels, Belgium)

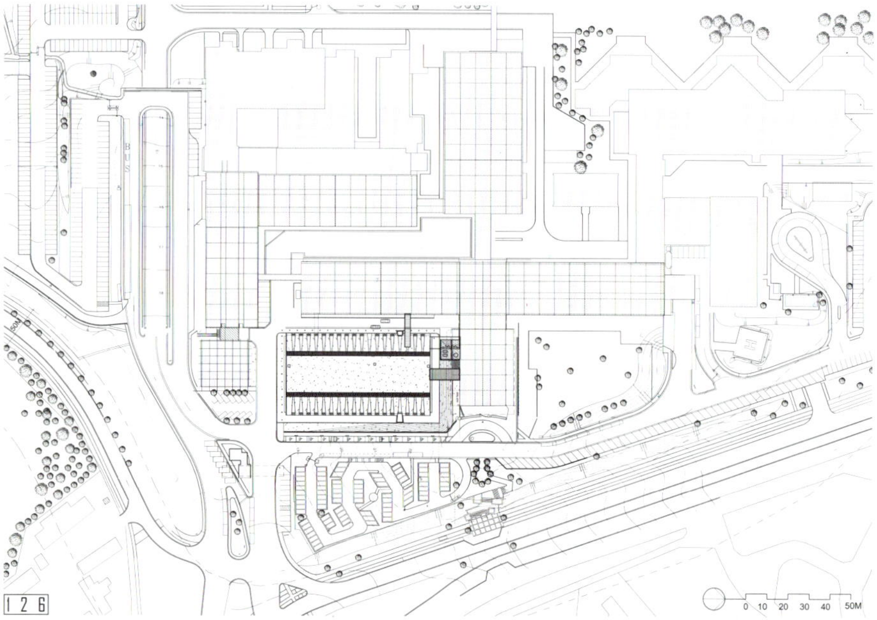


AZ–VUB是一個巨大的，建于20世紀60年代的綜合大樓。
由Philippe Samyn 設計的增加的部分基本上是血析的實驗室。一個大的，三層樓的結構，半
化的外觀覆蓋在草木之下。這個大建築物包圍着主大樓，以特别時尚的方式將其巨大的外觀
化了。
它形成了一個熱力的護罩，使得實驗室維持在一個恒温上。實驗室内壁與大樓正外面之間的
用作爲一個餐廳和一個休息室。外部正面的打開的窗户可以使在實驗室工作的人能够保持與
景色的接觸。

攝影師：Samyn and Partners, Marie-Françoise Plissart

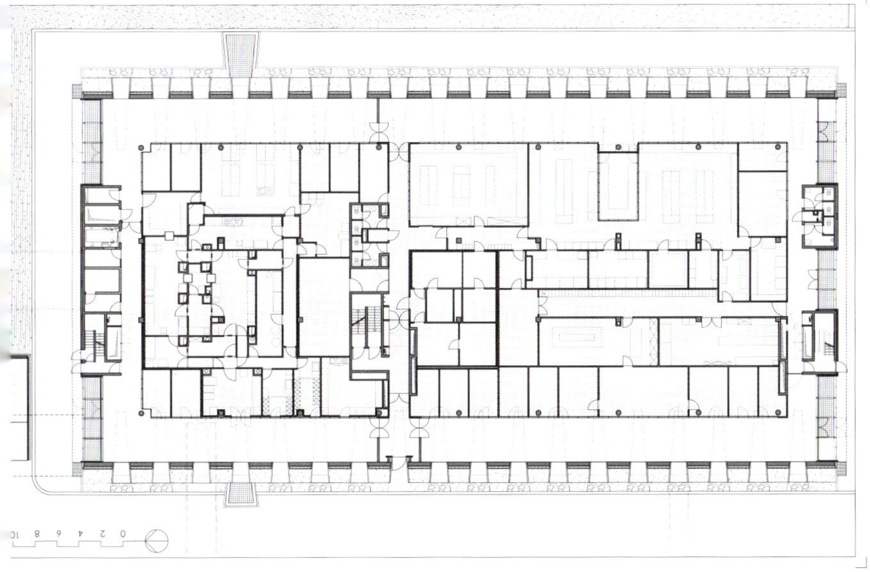

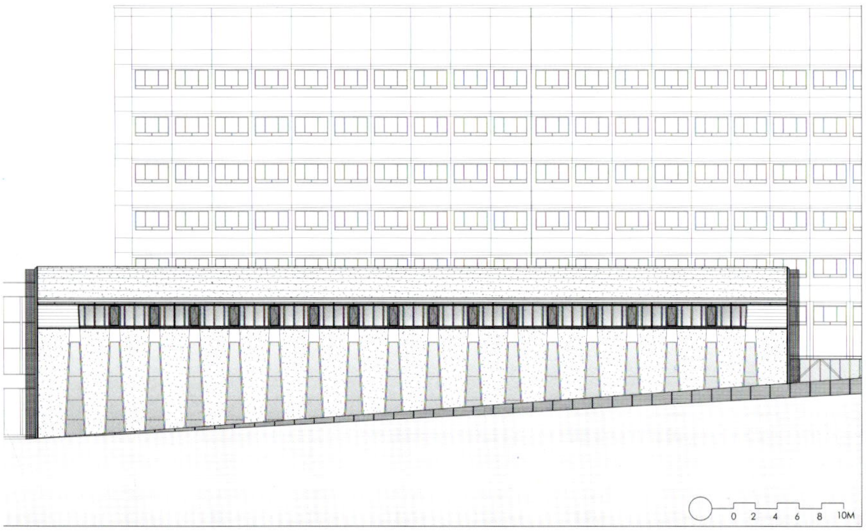
0 2 4 6 8 10M

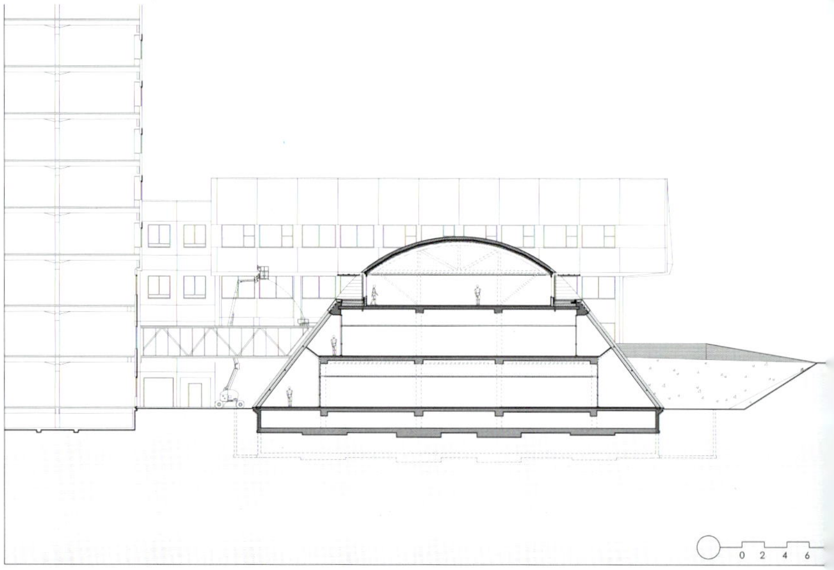
0 2 4 6

## ➔ Leuven Train Station Canopy (Flemish Brabant Province, Belgium)

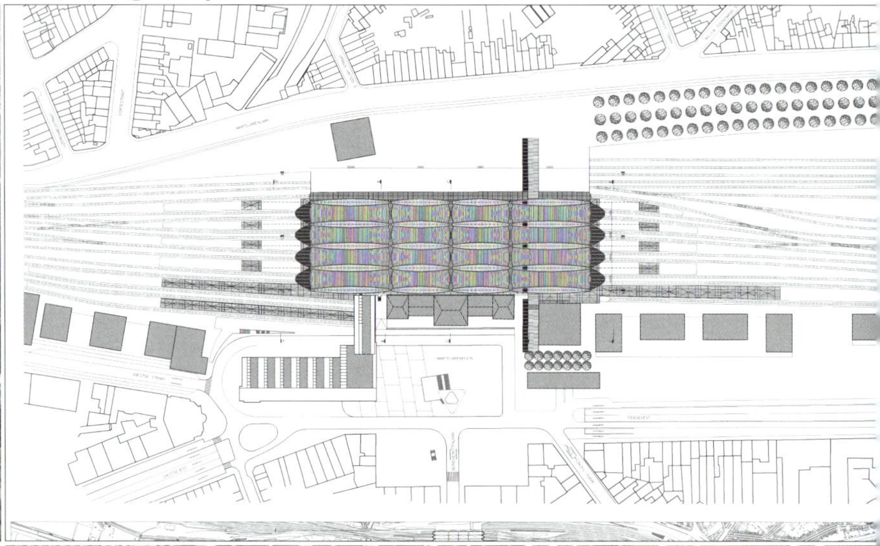

代的火車站玻璃的遮篷是被放大了并且重新計算過的，目的是創造一個令人愉悦的内部氣氛和好的照明條件。

項目的頂部和受力柱子經過很好的設計保證鐵路交通的不中斷。

屬框架以這種方法設計和布置是爲了合理的排除雨水，抵制它自身的重量以及下方尤其是來自方的風，這種風會出現在這種結構中的。

個項目是車站附近的城市發展中的組成部分，由菲利普SAMYN及其合作伙伴研究而來。

影師：Philippe Samyn and Partners, Coolens & Deleuil, Jan De Coninck, Marie-Françoise ssart

Leuven

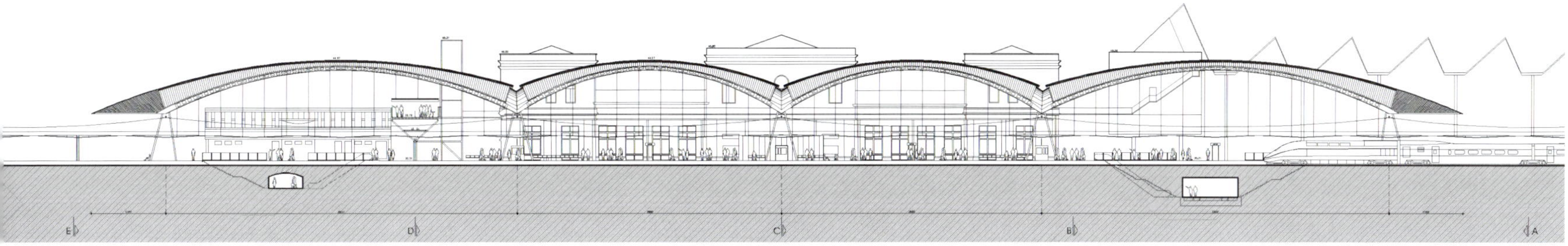

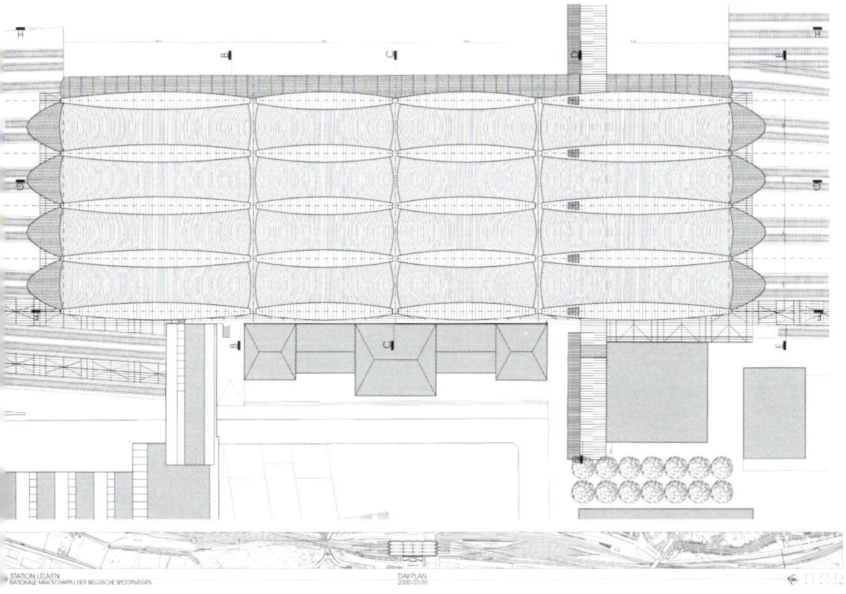
STATION LEUVEN
NATIONALE MAATSCHAPPIJ DER BELGISCHE SPOORWEGEN
DAKPLAN
2000-03-03

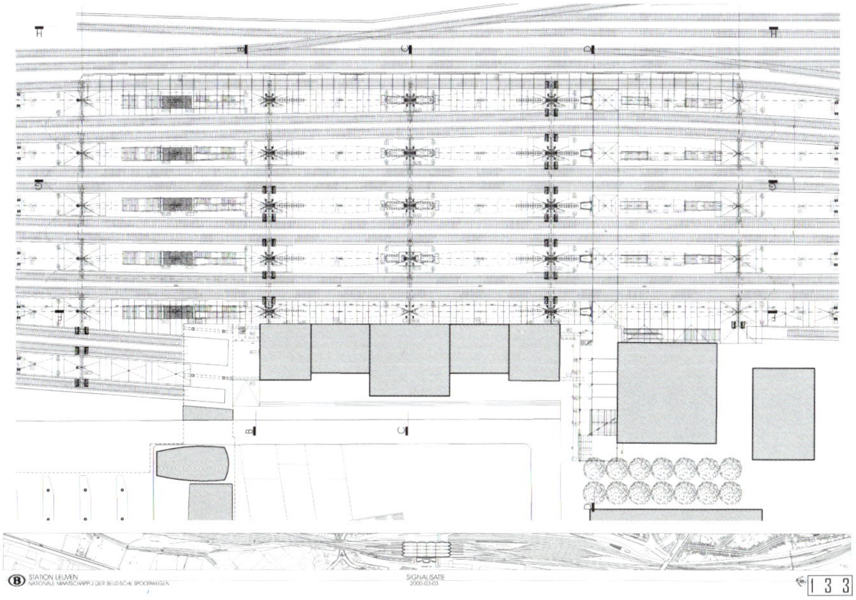
STATION LEUVEN
NATIONALE MAATSCHAPPIJ DER BELGISCHE SPOORWEGEN
SIGNALISATIE
2000-03-03

## ➔ Offices for the Compagnie Immobilière de Wallonie (Espace Christian Dotremont)

以風車型螺旋的辦公室的建在Baulers中的一個以前跑馬環形道的地方。在音樂家HenriPousseur的建議下，它是在著的Cobra運動的創立者之后命名的，在國際超現實主義者解體后于1948年建立的。它由Yves Zurstrassen 以各種翅裝飾的，建在農村的平静協調的大樓由一個電子的CC組成的，此電子的CC是由Pousseur設計的。Zurstrassen和Pouss都被Philippe Samyn邀請去參加此項目。

此綜合大樓將其自身通過它清晰而現代的結構，通過非地區性和簡單雄偉性，與這種項目的現在這種類型區分開（辦公室遠離市郊而建），Espace Christian Dotremont 是一個反宮殿式的，更加像一個在人類規模上的辦公室公園。

大樓低處以及法國式門和陽臺的使用清除了在建設期間與防火相關隔間相關的不便。

另外，陽臺爲木頭形成了一個保護性的組件。

兩層樓的限制意味着所有綜合大樓的停車空間可以位于建築物的旁邊，給周圍風景帶來了很多的便利。

攝影師：Philippe Samyn and Partners, Andres Fernandez, Ch. Bastin et J. Evrard

# ➜ Orival Service Station and Restaurant (Nivelles-Nord) (Belgium)

此具有餐廳和會議室的綜合性建築建在布魯塞爾–巴黎高速公路上。它是一個巨大的，210米長的，由一個中心70米跨距和兩個側面懸臂組成的橋梁的形狀。爲了不中斷高速公路沿綫的交通，建築建在邊緣以外的地方，然后被轉移至一組組的金屬柱處，此金屬柱將會支撑它。金屬結構意味着可以非常精確的完成此運轉；部件很完美地安裝在一起，形成了一個位于單一組件上的超輕型橋。

每個部分都是由幾對帶有彎曲外部肋骨的沃倫桁架制成的。

通道和飯店的正面是由一個鍍鋅的和穿孔鋼（網格形式的）墻制成的。在帶來不可或缺的透明度的同時，這種鋼墻帶給用户一種安全感。飯店被分成小的亮彩的小間以及裝飾天花板的Kris Van de Giessen的大型壁畫。

在小型停車場系統中斷了標准的人字形設計。混合着休閑和服務功能的綜合性建築非常的清晰。

繪制：Philippe Samyn and Partners

制圖：Philippe Samyn and Partners
照片：Marie-Françoise Plissart, Philippe Samyn and Partners
照片模式：Andres Fernandez

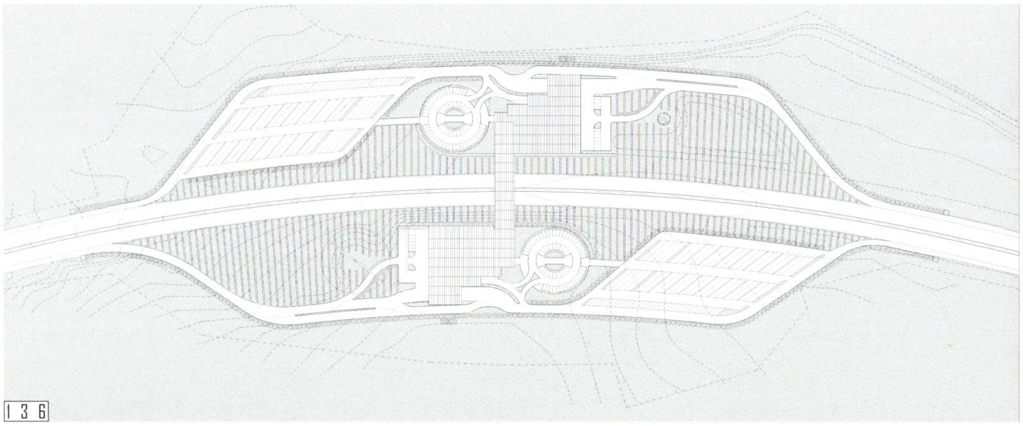

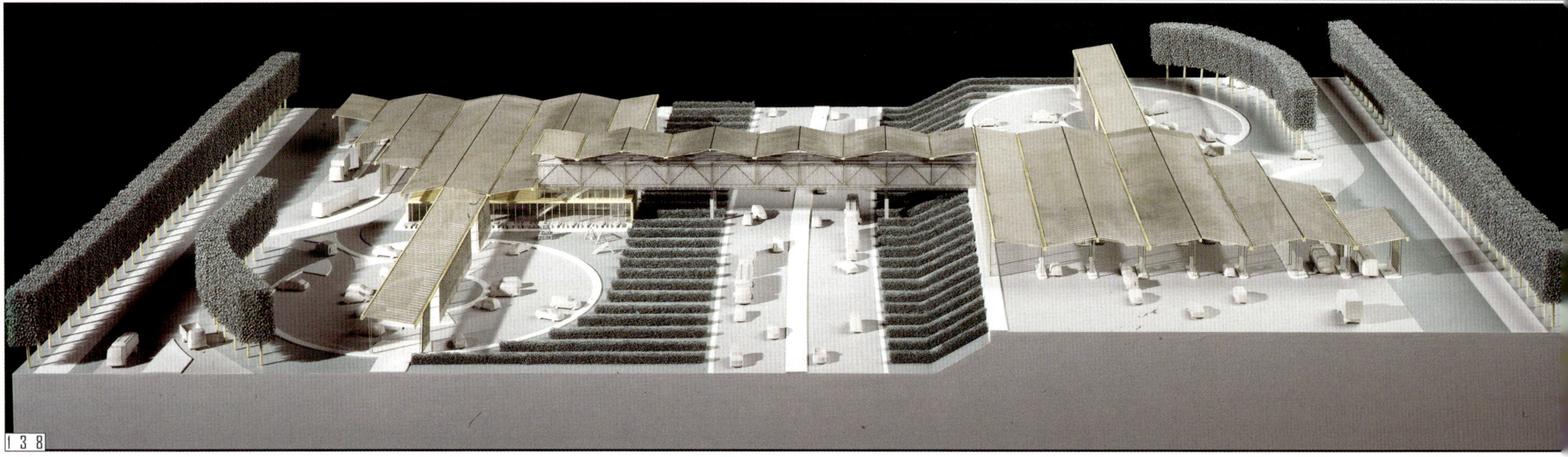

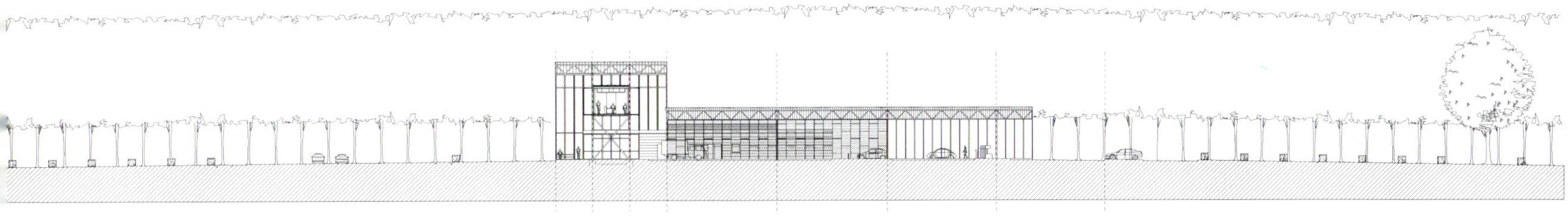

# ➔ Social Services Centre and Childcare (Brussels, Belgium)

此綜合性建築建在布魯塞爾著名的一塊地勢非常惡劣的馬羅洛斯區。
作爲一個中立鉸鏈的圓柱結構，設計用于統帥它周邊喧鬧的環境。
由小型的圓柱形塔以及屬于托兒所的低矮的大樓組成的綜合性建築建立在一片不規則的土地上。
有的這些共享一個出口）。托兒所獨特的安排使得建築可以以兒童年齡以及其他設施的各種功能爲
礎，區分托兒所的内部空間。
社會服務中心是建立在48圓柱的小型鋼材之上（HEB100），而托兒所是建立在金屬60 x 120毫米的
屬管之上。這樣可以形成一個非常開放的内部空間，給樓的正面拓展了一個深度，此拓展的深度
Samyn的中心主題之一。塔的覆層是在透明的和乳白色玻璃之間更替的。
從大廳的天花板吊下來的樓梯設計旨在不觸及地板。
大樓的頂部隆起的地方爲窗户清洗器具提供了支撑。

攝影師：Philippe Samyn and Partners, Andrès Fernandez Marcos, Marie-Françoise Plissart

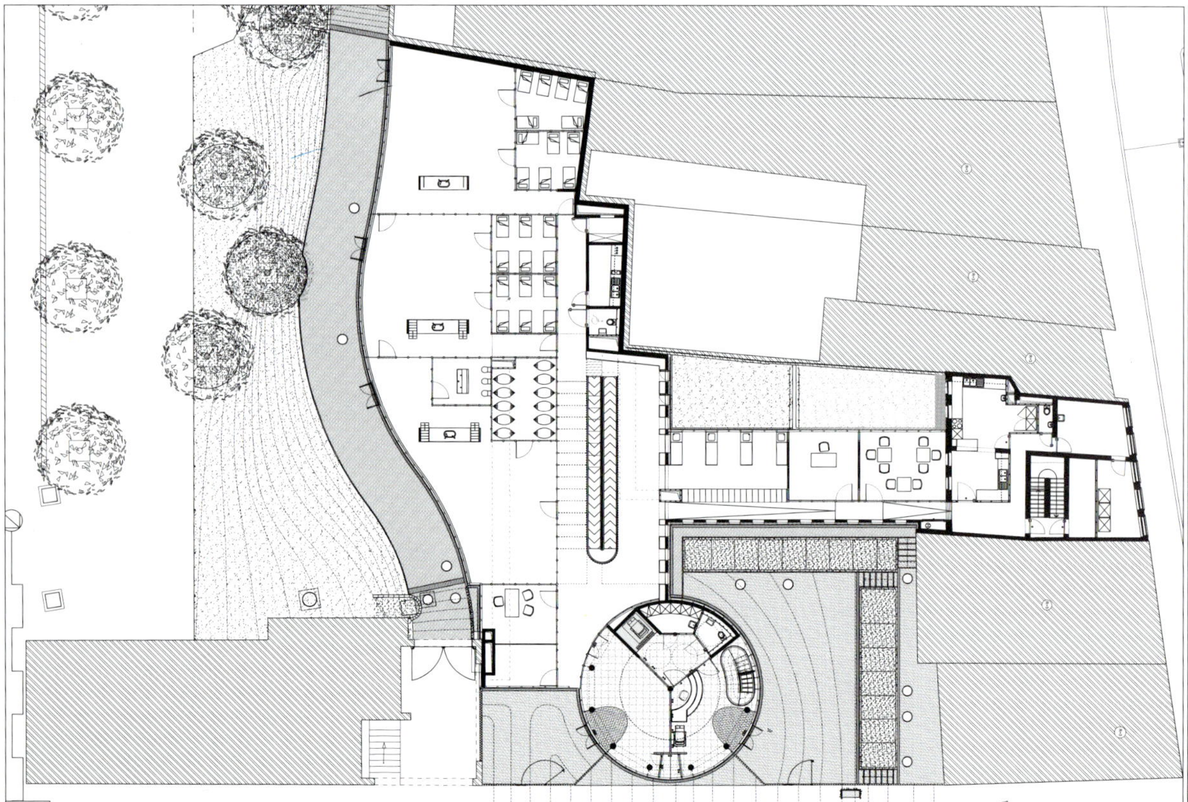

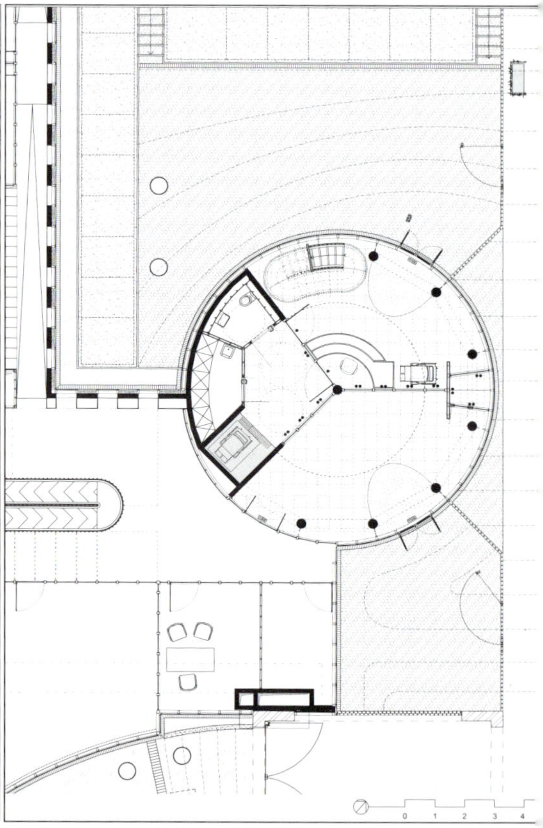

這裹，歷史很短，空間很大。環境很遼闊。我們的同胞們在這土地上生活。在巴拉那河上，把天和地分開的地平綫，只不過比伸出的手指粗點的一條綫。

這住宅建立在四個層面上：在街面入口，遮掩了幾米外發生的清的綠色區域即游泳池。在此之下，住宅沿着河畔碼頭延伸。泳池墻壁和住宅之間的天井是該項目的聚焦點。從這裹透過玻璃墻仍然可以看到河，玻璃墻構成了和后面的居住空間一樣寬的大窗子。這間居所是游泳池的亭子。可通過河一側的瀑布感知河水的能量。不僅可以看到，而且可以聽到瀑布的聲音，甚至在草坪上可以聞到噴濺出來的水花。

這樣的建築是純粹的結構。正如我最近的其他作品，在這裹我設法使緯綫通過盡可能最短的路綫連接物體和地球。梁都被錯位了：要么倒置，以特殊的方式框住景觀，要么其位置可以保護建築物免受西邊的太陽的照射。錯位的梁在内部使我們對于穩定性的觀念復雜化了，而在外部與水平綫結合在一起。

該建築的唯一語言是支撑。這就像在廣袤大地中的城鎮和村莊：一塊隕石從天而降，一塊石頭扔進田野裹。

-3.90
-4.40
-4.50
-7.10

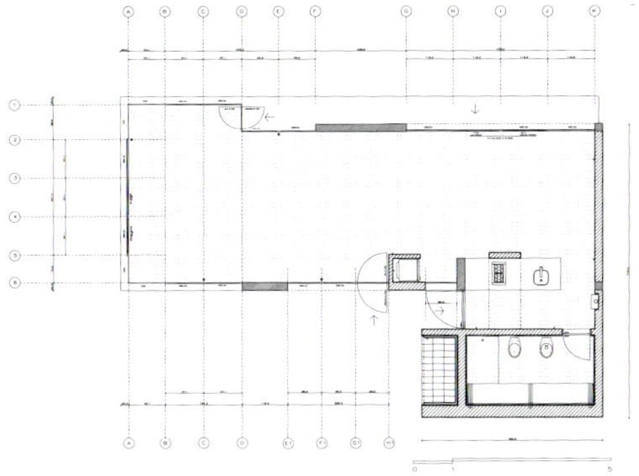

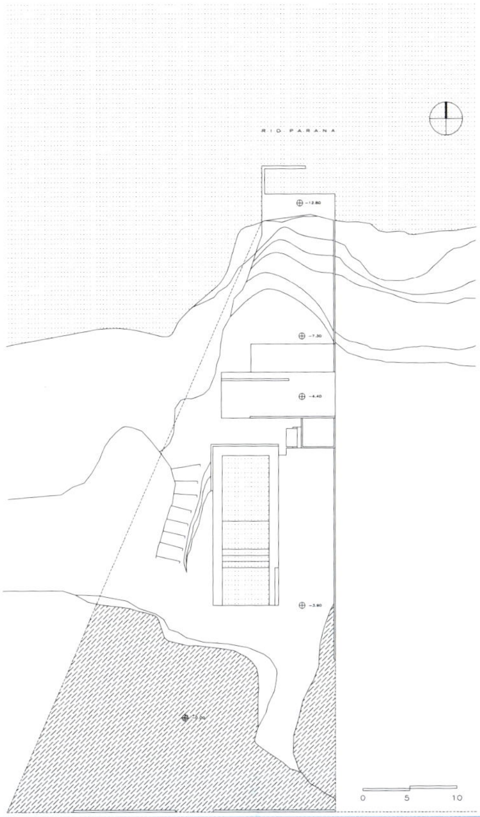
RIO PARANA
−12.80
−7.30
−4.40
−3.80
0 5 10

# 148 RONALD JANSSEN ARCHITECTEN → House Kersten

子位于荷蘭的Waterrijk Woerden。根據城市規劃的8大規定，地停放汽車的數量不能超過這裏汽車容量。因爲客户是個殘疾，所以有必要在房子裏安一部電梯。房子建造成本不能太高，以在房子建造的早期階段，須選擇緊凑模式，房屋正面須選用質材料，且樓梯位置要選好，以便簡化建房過程。房子的各項功能需要隱蔽，要把房子的常用部分如走廊、前門、卧室窗户等特地隱蔽起來。房子的具體設計，須實現以上的隱蔽效果。電子車庫門要隱蔽在鋼制圍欄處。房子正面塗抹灰泥，并使用有光澤的硅塗層進行裝飾。房子背面通向花園。與房子正面則不同，房子背面裝有大窗和滑門。第二層須設有書房，第三層爲客廳，且配有一個寬大的陽臺，四樓爲卧室。房子内部除了浴室之外均須明亮，地板和墻上所使用的大塊黑色瓷磚讓整個房間顯得很安静。樓梯上面留有空間，可用于以后加高屋頂。

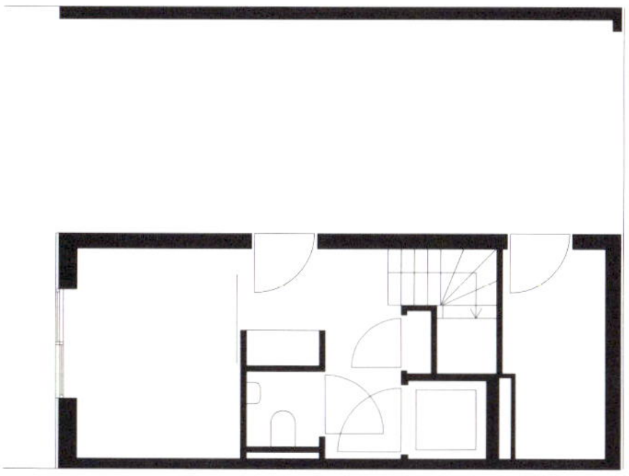

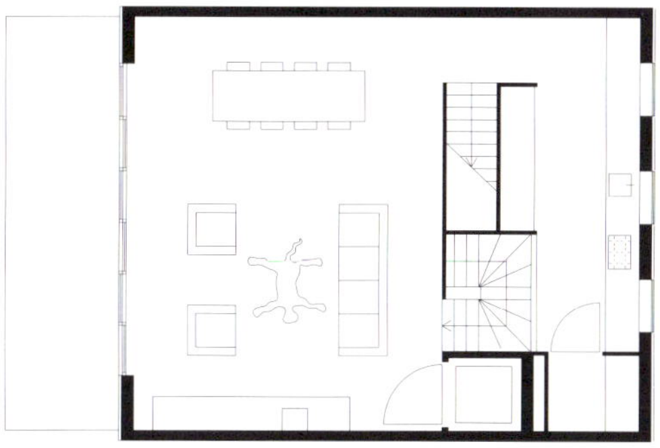

# 150 ROTO ARCHITECTS INC → PVAMU

這個建築位于一個傳統的非裔美國大學的校門附近，并且成爲這個傳統學校新的向前發展的標志。
這個建築由兩部分功能組成。一部分包括文化檔案館和展覽中心，另一部分包括一個位于3層的建築學校，兩部分通過一個狹長的中庭裏的連橋聯系在一起。這是一個大家一起交流的區域，它對一個創造性團體取得成功起着關鍵性作用。這些交流活動就發生在建築中。此建築是鋼筋混凝土結構，室材料包括磚、玻璃和金屬絲網。

TO DORMITORIES
LIBRARY
CAMPUS CENTER
CHAPEL
SCIENCE CENTER
PEDESTRIAN MALL
1
2
3
4
5
6
7
TREE CIRCLE
N


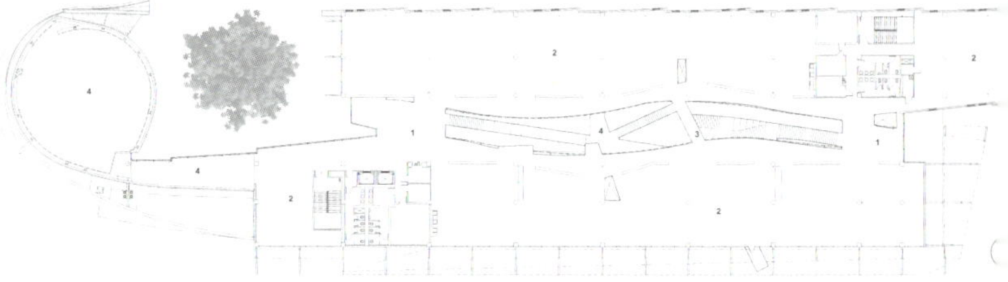

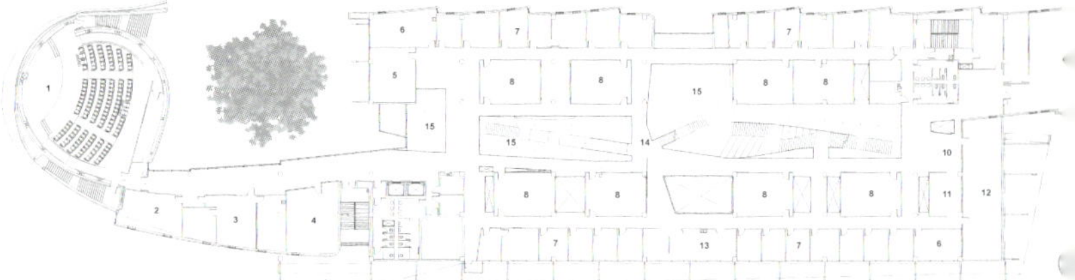

# 154 RUDY UYTENHAAK ARCHITECTEN BUREAU

**➔ Stadskantoor, Goes**

作爲城市大門的市政辦公室，是市議會的地方，是沿着南邊和歷史城市中心之間的鐵路系統軸的明顯的標志，是21世紀活力的樞紐。

位于城墻外面，火車站附近，Hollandiaplein廣場和環形道路間的鐵路綫沿綫的市政辦公室在城市中心，車站以及南邊之間，創造了一個可能的匯合點。 辦公室跟隨着鐵路綫的軌道分布。相對自治的設置形成了兩個廣場，市政辦公室是他們間的一個支柱。這是將大樓設計爲大門的邏輯依據，大樓驕傲地并且獨立地站在現在正式的城市廣場和南邊新設計的非正式區域之間，大樓底下有一個裝飾的池塘。

從南邊看去，觀察者的目光被吸引下去，穿過醒目的大門到達内部的大廳。斜綫式的開口爲入口提供了一個强烈的視野：一個大大的歡迎，開口帶有一個通風的心房，穿過作爲大門的樓的空間。

大樓的第一層被切離，横向的朝向遠處拐角，與拐角步調一致，所以很容易的就可以到達大樓一層，大樓一層和拐角都可以與外面的區域相連。由于大樓是在它的軸綫上的方向上的，外面的區域有更加傾斜的方位。從周邊大樓上的樓層往外看，這個方向上可以看到格羅特Kerk教堂和市政廳。也是以這種方式，市政辦公室在舊的和新的Goes之間形成了一個鏈接。

開放式的大門强調大樓的公共特征。在北邊和南邊都可以接觸到大衆的區域，以古典的方式位于最低的三層：鋼琴演奏樓，一樓和地下室。雄偉的會議室，市民禮堂以及市政閲覽室在這些低樓層形成了立體的系列。

由于大樓的廣場圍繞着心房形成，大樓顯得非常的緊凑，有短短的流動的綫條。這就意味着在外墻和地面之間的比例，網和總的可使用面積之間的比例特别的適當。圍繞着氣候控制大廳的緊凑的設計是一個可長期維持大樓的基礎。共用事業的設計，在大樓基地的熱/冷藏， 聯合兩翼樓層中的混凝土心激活功能，來自空氣流通和現在的傳感器的熱循環，以及與太陽光的調節一起，可以使得這棟大樓的使用潛力最優化。

外墻不管是實際來説還是比喻的説起，都是設計用于最大化的利用日光，避免使用需要很多能量的冷却物。南邊的墻是封閉的，東邊和西邊的墻是打開的，剛好使得太陽光的温暖不能通過垂直的磚條到達玻璃處。心房的遮蓬也是設計用于帶進陽光和倒影，將熱氣保持在外面。

磚塊給大樓帶來堅固的特征和泥土似的風格。被磨過的磚中的穿孔通過使用細節，被用來在一邊達到磚的巨大的效果： ‘brise soleil’！心房在裏面再次帶來了寬闊的效果。 輕輕的天然石頭，然的木頭，玻璃以及和戲劇的大紅地毯一起，C燈光彈簧似的顔色給大樓的内部帶來了一種放格調。心房上方水的特征將這一點達到了頂點：水從帶有臺階的屋頂流到了下面裝飾池塘中，射出陽光和大廳的天花板。

帶有打開的門的結實的房子不再變化，并且歡迎來客。可以看見心房的内部的巨大的開口强議會的公開性和它的服務。牢固并且帶有泥土氣息，然而也輕并且讓人放松。

攝影師：René de Wit

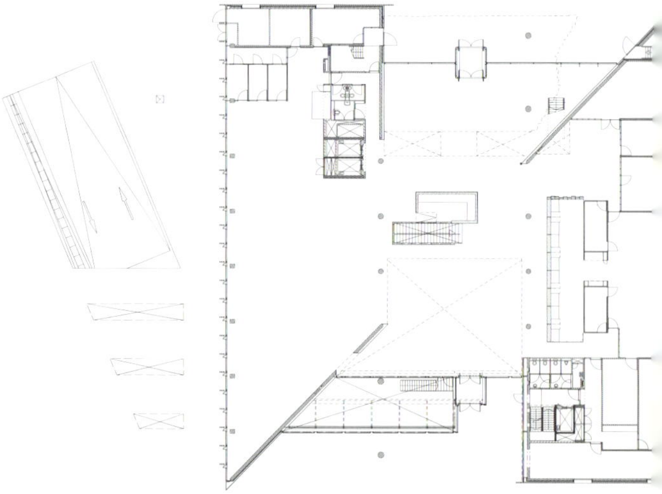

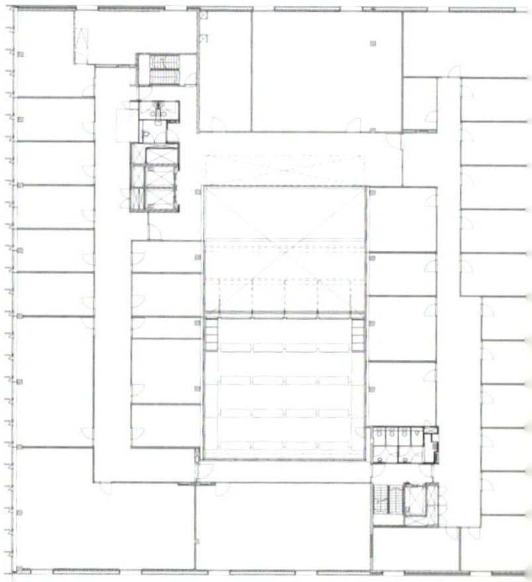

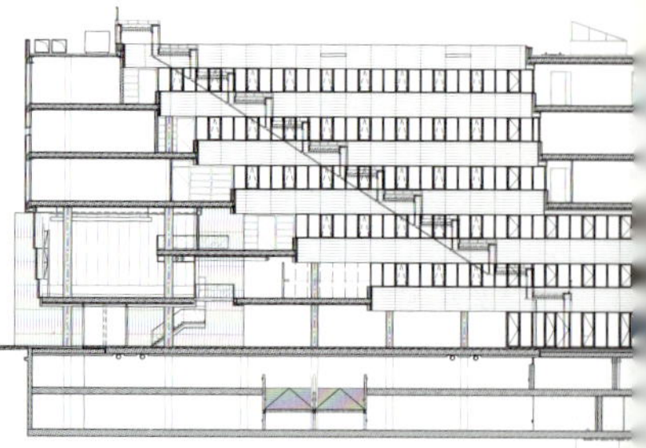

## Cascade Laboratorium, Eindhoven

目位于埃丁霍文大學中心校區的邊緣，周邊是一片林地，在那提供了物理系新的實驗室，作爲這一階段的新建部分。

個建築被看作是一個露臺，從大學主要的向上流綫面對景觀。由地下室、實驗室及設在其上面的辦公室、培訓室組成，面向池邊的一個亭子。

牆以一種隨意的方式使用，使建築變得透明并從周圍的緑色中顯出來。

玻璃的使用，結合隔熱材料和側面西部的紅柏木，産生了對校園中最早建築充滿雄心的建築語言的重新闡釋，它們建造的時期是二十世紀60年代。

建築的其他兩面，更加封閉，正立面的靈感也來自這些老建築黑色貼面，形成一個“現代”空間與周圍玻璃金屬空間鮮明的對比。在這裏他們通過使用有波形紋理的磚，用來强調校園作爲都市核心的文脉特點，這些磚漆黑如鑄鐵。

正面的出入口生氣勃勃，由生動的挪威大理石捕捉陽光。爲了達到一個最佳的效果，他們被放置在南面的水平方向和西立面的垂直方向，與日出和日落發生關系。下一步，建築物尺度通過磚的質感形成，它垂直于遮光元素。在底層，木條板形成木質的主立面，它也根據陽光的角度排列，使臨近的空間擴大了60cm。

懸挂在正面的玻璃面板保護了遮光構件并散射了從上面來的直射陽光。同樣的效果在傳統的建築中也存在（或者類似于現在汽車

的擋風玻璃）。通過彩色玻璃的使用也提高了水平的透視效果。
在正面前方，屏風的布置有調節室内氣候實際的功能，同時也達到了美學目的。結果是幕墻融合了室内和室外的氣候而不是簡單的分隔他們。
柱子與墻各自獨立，因爲建築的框架和正面的框架已經移動了30cm。
在内部，作爲拔風的大廳和高天花板的宇宙空間實驗室形成了整個建築的中心空間。他們通過露臺相聯系，那個露臺被校園中主要的人行道路貫穿。露臺能够被作爲一個集會空間使用。
樓梯，無論是從字面理解還是考慮到它的隱喻，都爲建築的名字"退臺建築"提供了靈感。

## ➜ La Fenetre, Den Haag

這套位于海牙的住宅樓主要由20世紀后半期的大型基礎設施組成：鐵路站前廣場上方是伯恩哈德親王時期的高架橋，旁邊是公共汽車和有軌電車通行的兩座高架橋，盡頭是烏得勒支班高速路。住宅區后面是兩座高大的政府大樓，尼德蘭國家圖書館和國家檔案館。海牙市政府決定將這套建築更多融入這座城市，所以建立了一個混合城鎮空間和功能的集中區域。 在這個背景下，出于功能性的考慮，這個地區成爲活躍于辦公時間之外的場所，住宅樓同時贏得較好的聲譽。

在施工之前看到這個地點的人都很難相信這裏竟然能容納115家住户，具有多種功能的空間。

在這種新環境裏，高架橋改造成爲雅致的“伯恩哈德親王林蔭大道”，鐵路綫從新地平面下穿行。住宅大樓La Fen ê tre 位于車站綜合大樓的一角，建立在一個楔形抬高基座基礎之上，停車庫，存儲區和“林蔭大道”保持同一水平。住宅樓上方是一條新修建的人行道，人行道的入口和電梯大廳位于大樓長長的“腿”部。密集的施工地點，建立開放式的子結構以及住宅內部單位具有靈活性的要求激發了整個建築設計一種獨特的鋼結構的靈感。

9個由内向外擴散的鋼管組成的20米立柱作爲細長柱撑，支撑69米高的17層高樓。這套住宅環繞兩個電梯大廳設計，每層包括7套120平方米的公寓。住宅東部向烏得勒支班高速路傾斜， 西部連接市中心，由于地點優勢得到了優化利用，最終樓群顯得生機勃勃，别具特色。

外墻全部由玻璃組成。另外，南部和東部的山墻具有驚人的紋理： 由于每隔兩層樓，山墻向外突出10厘米，所以建築的動態外觀就會多出一層。這樣，外墻外部傾斜的側影在燈光的襯托下顯示了晶體的特性。

10米高的緑色屋頂，連接一條走道，遮掩國家大樓國家檔案館的黑色墻壁，打孔根基保證精確的站姿。

攝影師：Pieter Kers

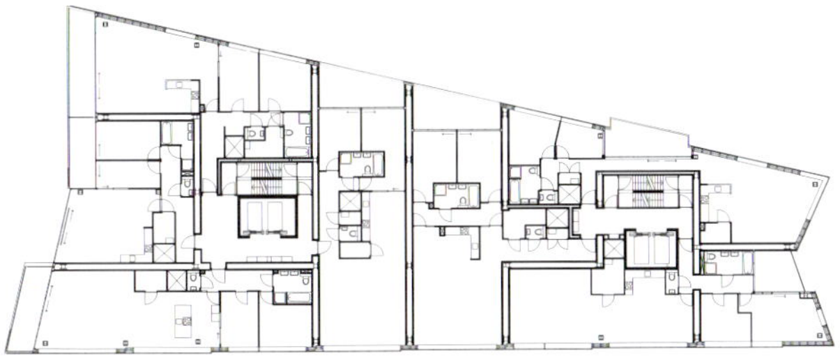

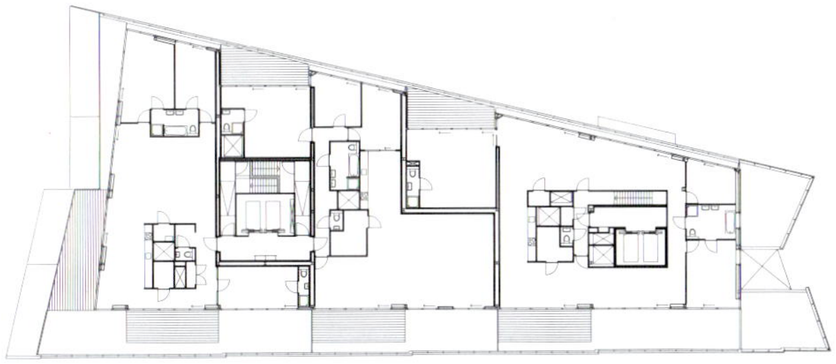

# ➜Zandpark, Leidsche Rijn

在Utrecht市的邊界，在這個特殊的古迹，一群呈現公園特點的一系列住宅群，像雕塑一般屹立在路邊；與公園的特點互相輝映。爲保留公園的感覺，建築群的規模在感覺上會減小。經典的緑地的組合分不同部分體現出來。低樓、陽臺、凉棚隱約在樹間浮現。排成一條直綫，在絲網印花玻璃的運用效果下，既純净漂亮又通風透氣。

在四棟一樣的建築中，124間公寓并排一起，互相之間相互輝映，似乎没有墻壁的阻撓。第四棟稍微遠離，大約西北方向50米左右，與臨近的小巷連接在一起。停車層穿過古迹。公共地區是一個斜的緑色花園，直接通向河畔。
爲房間提供最佳的陽光與景色角度，决定每層修建兩套公寓。聽上去盡管奢侈，但是，每套有四間房的設計要求有足够的空間間隔。公寓内，所有浴室、洗手間都設計在一個集中的區域，在寓出售時，可以按照客户的要求决定厨房的位置和特點、房間數目。

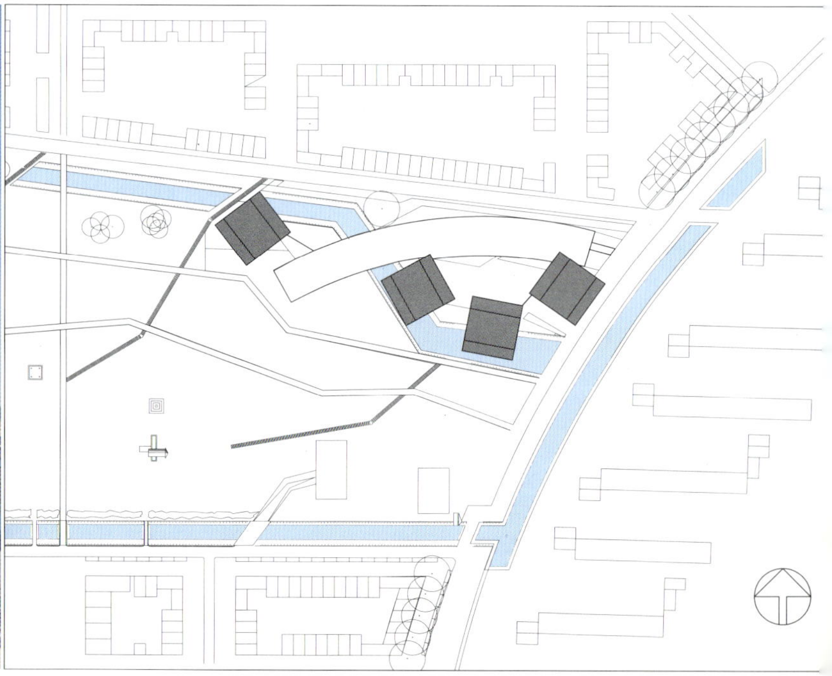

79-TP-PS
14-TF-BB
NH-BH-02
02-HN-NL

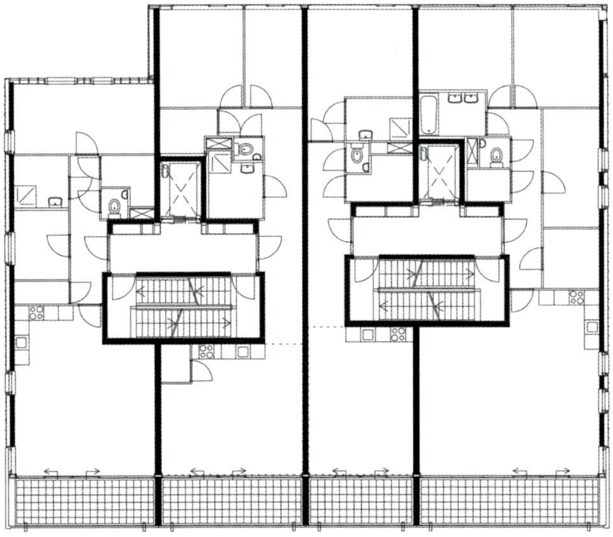

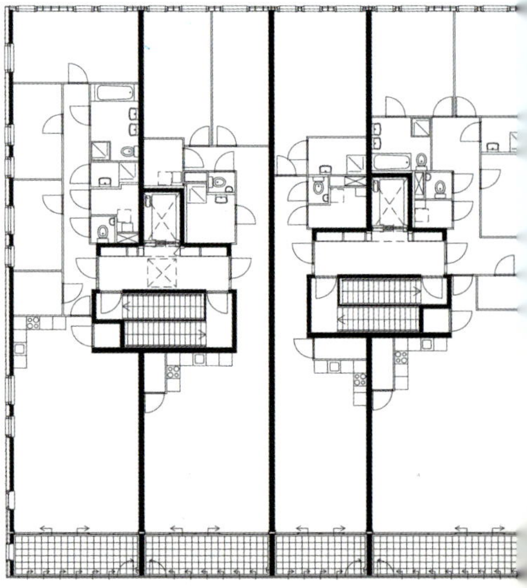

## ➜ Zwolle, Weezenlandstaetes

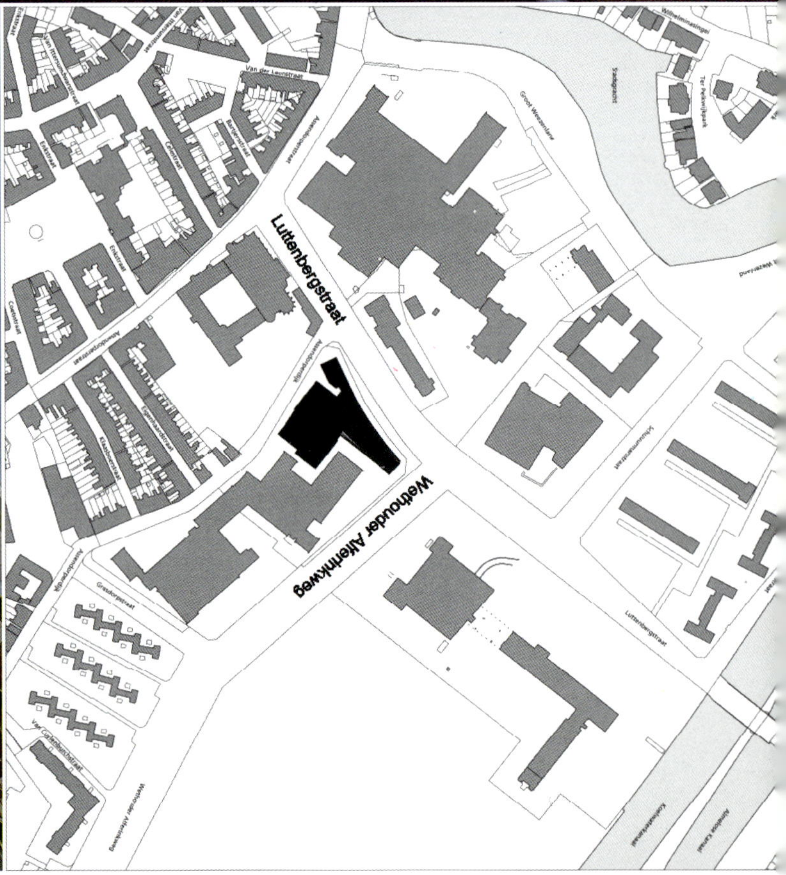

該建築物的位置可以被看做是位于茲沃勒的多種環境之間的連接體。位于城市中心的過渡區，以及20世紀的城市和典型的20到21世紀的建築物，如教堂、醫院和省政府所在地。

建築理念由多種因素決定。從狹窄的街道轉移到寬闊的大街，從較大型的建築物（如鹿登伯格街）到較小的建築物（如阿森多皮爾）都體現在這座新的建築物中。因此，當位于鹿登伯格街的辦公街區具有“大建築物”的特點，其停車車庫則被設計爲看起來較小的單元。

辦公區是一個在標准辦公區（帶有一個中心走廊）獨一無二的變體，帶有一個中心走廊，以配合停車車庫的偶爾遺漏的空間。好像被釘在夾具上，或另一方面同時使建築物更深，而是位置更深。這樣，停車區與周圍的建築群便和諧成一體。同時也爲辦公區增添了趣味性。

上層稍微旋轉，與另一邊相連，于是，建築物體現了從較狹窄的安森道皮爾街到較寬闊的鹿登伯格街的過渡。通過靈活的外部邊界，建築物與教堂相連，而另一面則面對着省政府大樓。采用了較爲柔軟的側面，使之逐漸轉變。通過運用外部幕墻交替的韵律，建築物變得更具魅力，而内部的柱子則强調了這種移動性。這種街道的彎曲進一步增强了建築物的魅力。并且，車庫的入口和辦公室也設計得與衆不同，吸引了參觀者的注意力。兩塊幕墻都采用了最小化的分離元素，從而能簡單地對比建築物的兩部分。

停車車庫由一系列生車機和停車位組成，并配備了很多太陽能電池板。車庫的獨一無二的特點（只有第一層可以對公衆開放），對于入口和出口有特殊的關注。視覺藝術家米爾賈母巴克的設計放弃了傳統的負面連接與空間，而是采用了更加愉快的驚奇。

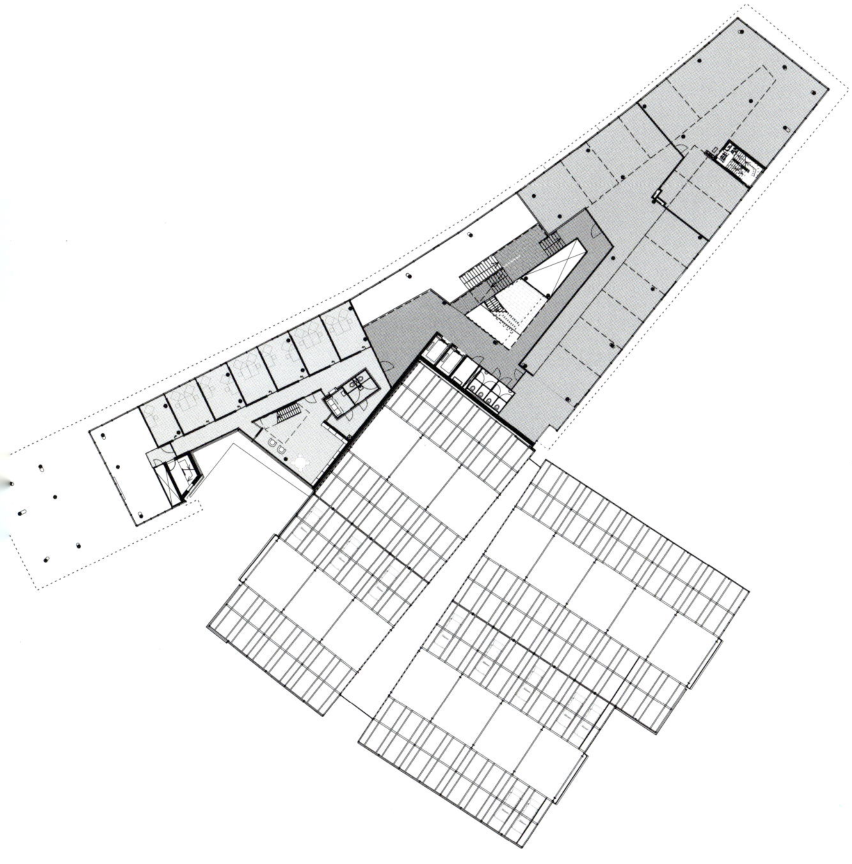
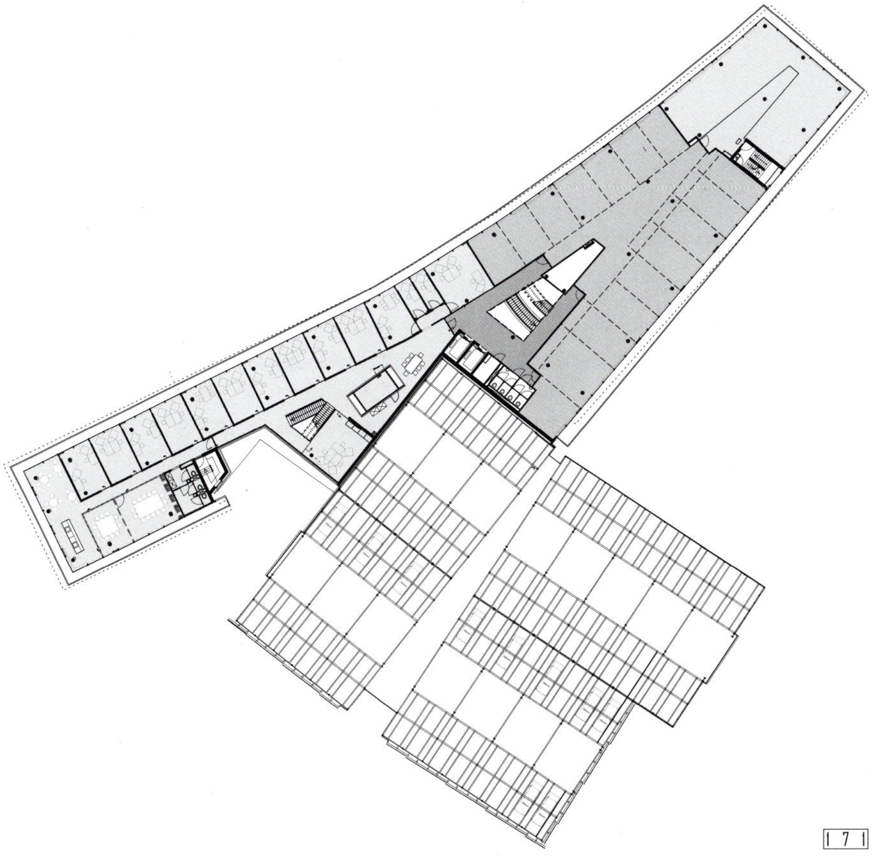

# 172 SAKO ARCHITECTS ➔ Bumps In Beijing

褱，傾斜／變幻

體項目包括一個綜合商業大樓和4套住宅樓。

個項目從南北軸各旋轉45度角設計。

計不僅保證了4個角度向中央商業區域延伸，而且爲每座大樓供了最充足的陽光。

住宅樓高度爲80米。建築物上部集中了一些小型的房間。在商業大樓6層后部則用來搭建的餐廳平臺，增强了立面的動態感。

攝影師：SAKO Architects

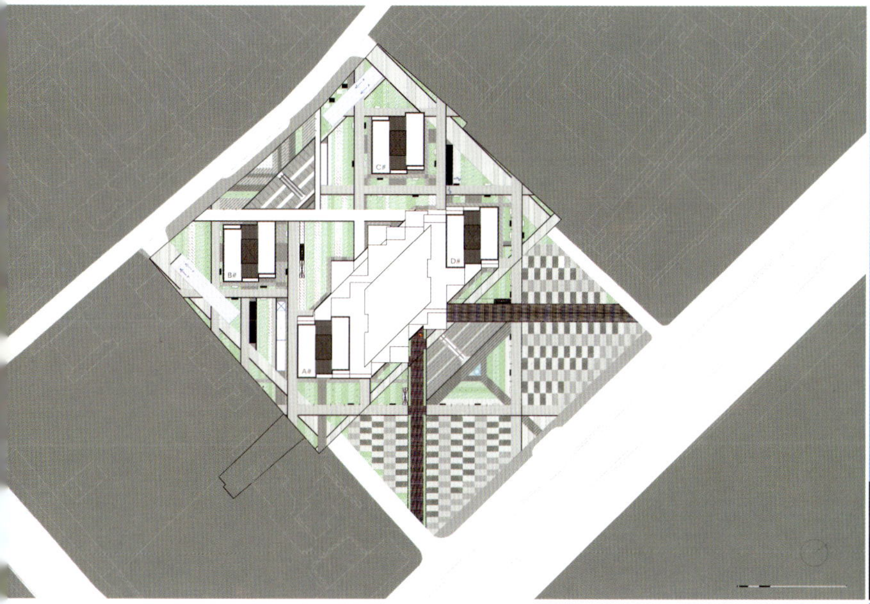

# → Lattice In Beijing

北京，東京和紐約的設計師集聚一堂，共同設計了整個建築群中的每一部分商業設施屬于三裏屯再次開發的一部分，該地位于北京大使館的娛樂區内。結合不同的業主和建築師的觀點后，這次舉動將會重新定義三裏屯。 因爲我們的業主想要在融入酒吧設施的同時保留中國元素，所以我們使用了金色鏡子不銹鋼面板和鑄鐵篩板，裝飾成傳統中國窗户樣式，打造了一個具有現代氣息的中國式氛圍。 某些鏡子的部分故意被壓擠成粗糙的表面隨着每天太陽變换光綫，而不斷地形成不同的立面。 經反射后的光綫拓寬空間區域，使得白天和夜晚的風情别有不同。

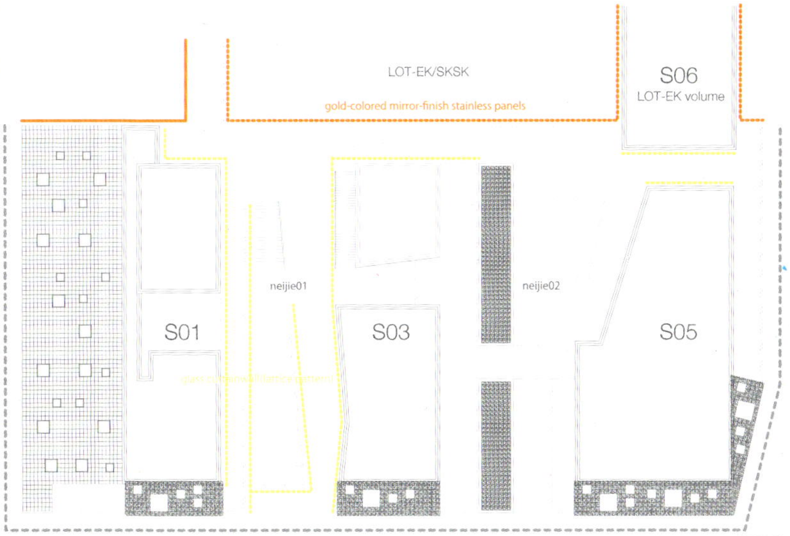


cast iron screens + gold-colored mirror-finish stainless panels

## ➜ Mosaic In Beijing

片猶如雪花漫天飛舞。盡管寫滿祝福語，但是美麗也會瞬間消　小小的紙片在空中飛舞，轉眼消失在遠處。

北京經濟技術開發區望去是一片平坦空曠的空地。　大樓，寬的馬路，大型制造商零散分布的辦公室，所有一切說明這裏并適合居住。換句話說，這不是一個四處走動觀賞美景的地方。

位于此地的北京Mosaic是一套采用增强混凝土的四層大樓，很長一段時間沒有使用。由于空置，造成該地形象惡化。最初的規劃是建立一個頂部帶有商場的多功能辦公大樓。但是，因爲這個地區沒有引入成熟的商業氛圍，所以終止了項目，現在開發商希望能够對這個建築進行重新開發，整修和改造。

難道這個大型建築不能作爲經濟技術地帶的地標嗎？爲了擴大商業圈，人們必須炫耀這裏和其他地方不同的特色。

MOSAIC的主題到處可見。紙片猶如雪花漫天飛舞，輕盈，柔弱，但是清楚完整表達了這個建築的實際感受。辦公樓被改造成爲一個公寓，商場被人承包。Mosaic也代表了小資本企業的聯

DVD Shop
看电影

四層商場的立面被室内照明廣告所覆蓋，實現了向人們展示關
承租人命脉的鋪位的目標。同時這些廣告后面隱藏着Mosaic主

易增加了兩條運動綫。主入口好似一張朝外開啓的大嘴，人們
妾從B1上至第三層樓。通過復雜的反射面，行人的走動和其他

各種景象在這裏得到了分割，放大或輻射。
Mosaic主題是流動與符號，景觀和室内空間。

# Kaleidoscape in Tianjin

這是天津市修建的一套復雜的建築綜合體。
該地位于天拓林蔭道上，鏈接了城市内最大的水公園和最高的電視塔。下面三層是購物商店，上面三層由SOHO承包。空間設計爲Z字形，從東面的商業區延伸至西面。各個商店之間具有長達300米的空間，或是〝内部城〞，形成了一個人們積極參與交易活動的商業空間。
項目名稱，卡雷所思科普取自于〝萬花筒〞和〝風景〞。 由于萬花筒的形式千變萬化，所以設計目的就是在保留各種結構元素的統一性的同時創造多面性。

# 182 SAUCIER + PERROTTE ARCHITECTES

**➜ Communication, Culture and Technology (CCT) Building**

位于校園邊上的新的交流、文化和科技大樓扮演分界面的角色。沿着主正面進行組織的大樓一邊緊挨公園，一邊緊挨新的庭院式花園。大樓主循環路綫創造了一個綫性空間，給學生中心和未來圖書館之間以及周圍環境和大樓的公共、教育空間之間提供了連接綫。CCT馬上成爲了一個過渡地、連接地以及栖息地。連接處垂直的抛光平面是一層厚厚的隔膜，成爲了現存森林資源同大樓和公園受控制的周圍環境之間的技術過濾器。在地面，隔膜是完全透明的；内外部之間的隔綫消失了。地表面形成了一個持續公共區域，這個區域滲入到大樓，流動到庭院，再向上到風景般的車庫頂部，最后到遠處的校園。辦公樓和教室要么面向公園，要么面向庭院式花園。可控窗户使所有的公共區域可以進行明顯的空氣對流，并爲辦公室提供了一個受控的被動制冷系統。大樓的高度時而理性實在，時而靠直覺判斷，擾亂了平坦表面的整體性，使得人們對大樓的印象不輕易地同某一形象或是某一明確的整體聯系起來。同保留在此的倫敦懸鈴樹的樹皮一樣，地形
層之間開始分離并向上升起，形成了一個新的地形，并由此
了大樓及其花園美景。静坐于風景之中的是大樓的“礦石”
功能（多媒體工作室戲院、E藝術展覽館以及形象吧），他
具自身身份又被新的地形連在一起。地形中的持續而又混合
股開始上升，并垂直繞過了這個地形結構，把變化的程序元
間的空間連接在了一起。那些程序元素穿破了地形上層的垂

正面隔膜。中部的空間被月臺、橋梁、樓梯、斜坡占據着，培養了占據者、項目以及外部環境之間的開放與互動，各個都能通過轉移的固體來流動穿過這圍層。因此，流動的公共空間形成了，鞏固了校園的獨一性。

攝影師：Marc Cramer, Saucier+Perrotte

EXIT

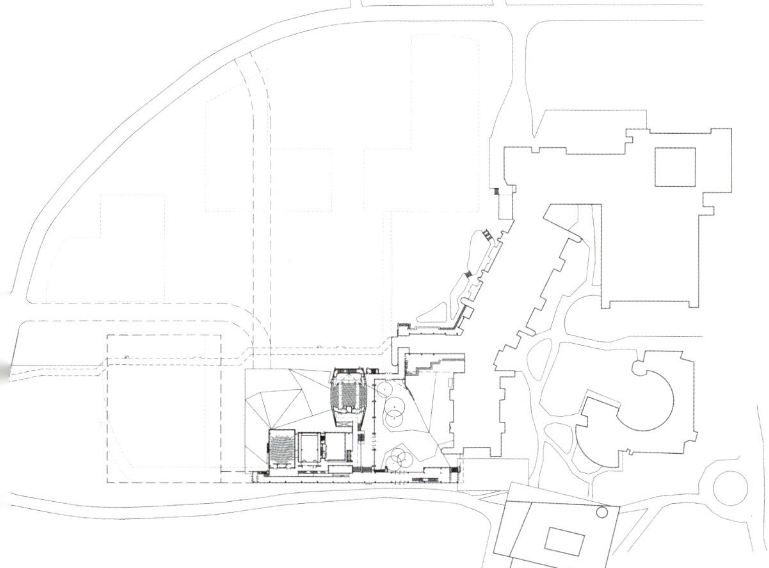

gallery

## First Nations Garden Pavilion

第一個國家花園建築

第一個國家花園是1701年蒙特利爾偉大和平的永恒紀念。它是一個多種文化的交匯點，它的設計目的是幫助游人了解北美洲第一批移民的文化。同時它還提供了一個First Nations 分享他們的傳統，智慧和知識的機會。

這個展出館是一個花園裏的博物館。遮蔽着不到2%的花園面積的展出館大部分都是露天場所。沿着花園主路修建的展出館，無形中提升了這條路的意義，它流露着對這個地方的文化紀念。那起伏的屋頂，讓人們想起了樹林裏的縷縷青烟。用頂棚遮蔽着的露天陳列的展品由兩個在展出館兩端正對着的市内場所框着的。這端是展覽館和Orientation Space，那端是公用洗手間和會議室。這個展出館還覆蓋着一個精品店和一個辦公室。

大樓和地基，環境敏感度的關系需要保持花園氛圍，這對于展出館的設計是至關重要的。

新的建築承擔着過濾器和兩個花園環境——一片雲杉和一片楓樹林間的紐帶的雙重角色。在任何可能的地方，臨時展出館都被設計成露天的。這些户外場所吸引着游客，同時有助于減少將和更廣闊的環境結合起來時建築的外部面積。

爲了限制建築對環境的視覺影響，垂直表面的數量被降到低，而且半數的已建成場所都位于地下，從而進一步的減少築對現存環境的影響。新建築是在保留所有現存樹木和維持相對開放地帶的基礎上擇定的位置，努力將建築和已存在的結合起來。

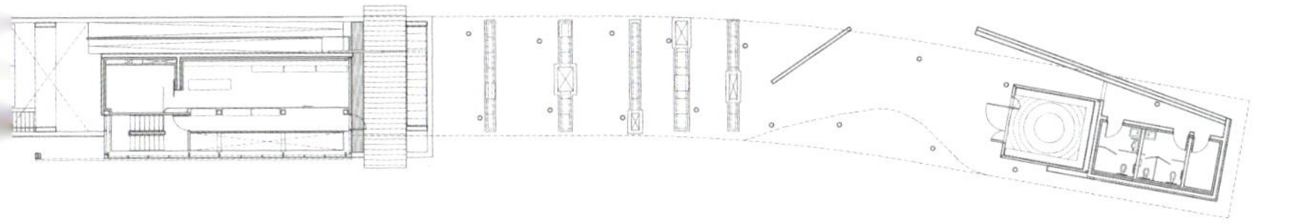

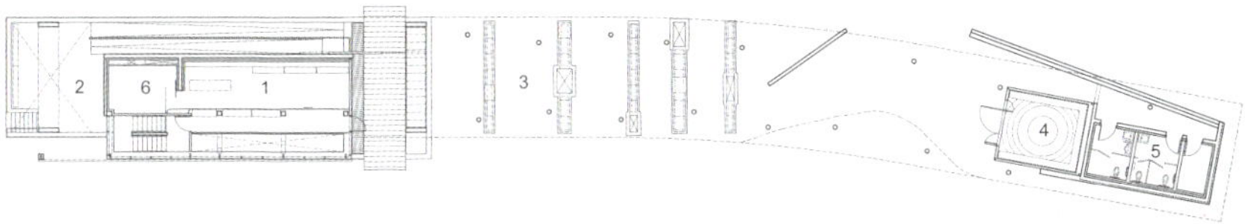
2
6
1
3
4
5

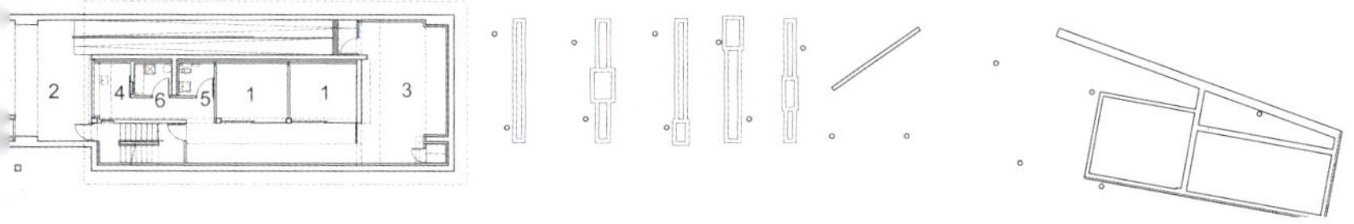
2
4
6
5
1
1
3

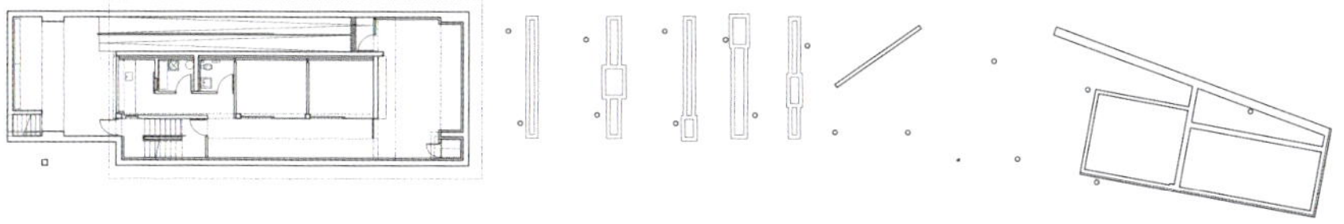

## ➜ New Pavilion for the McGill University Schulich School of Music

樂學院大樓的設計在位于蒙特利爾市區舍布魯克和艾爾默街道的麥吉爾大學校園的東南角處顯很突出。新的大樓毗鄰具有悠久歷史的斯特拉思科納大樓，這也是音樂學院現在的所在地，包大學的主要音樂設施。新的項目拓展了學院的空間，包括圖書館以及演奏廳，國家最先進的多體和練習室，和教師辦公室。

個地方是在艾爾默街道和現在學院大樓的東座之間的一個狹長的土地帶。多媒體演播室是設計關鍵。它是一個打過蠟的石灰石，幾乎5層樓高，其中有3層樓被鑲嵌進土地的北邊。練習室和行工作室也在多媒體工作室的南邊的地下室範圍内。在街道高度，這些淹没的空間的上方是演廳和主要的出口。一個折疊的混凝土平面形成了這些空間，似乎是支持上方大樓的主要樓體。平面喚醒了一個被腐蝕的土地平面，被腐蝕的土地平面又指向了上方的蒙特利爾著名的皇家演奏廳上方很扎眼的出現了一個三層樓高的圖書館，在它上方是3個另外的辦公室和練習空間樓層。新的大樓通過一個穿過主要入口大廳的帶玻璃的橋。

樓的東邊和西邊的正面是分散的平面，構成了沿着艾爾默街道，朝向山脉的城市風景。東邊的面是包裹在黑色和灰色的鋅層中，狹長的窗户照亮辦公室走廊，以及一個朝向圖書館的入口空的巨大的鍍鋅開口。西邊的正面設計用于喚醒音樂人物，表面粗糙的形式和打蠟的鋁合金反映斯特拉思科納建築的特點，而一系列的穿孔的窗户，喚醒了古董機械鋼琴的曲目，陽光通過此中進入了内部更加小的空間中。裝有玻璃的正前方，面對着舍布魯克街，使柔和的日光滲入圖館和會議室空間，創造出了一個有利于游客學習和研究的内部環境，有利于提升音樂學院所在的環境。

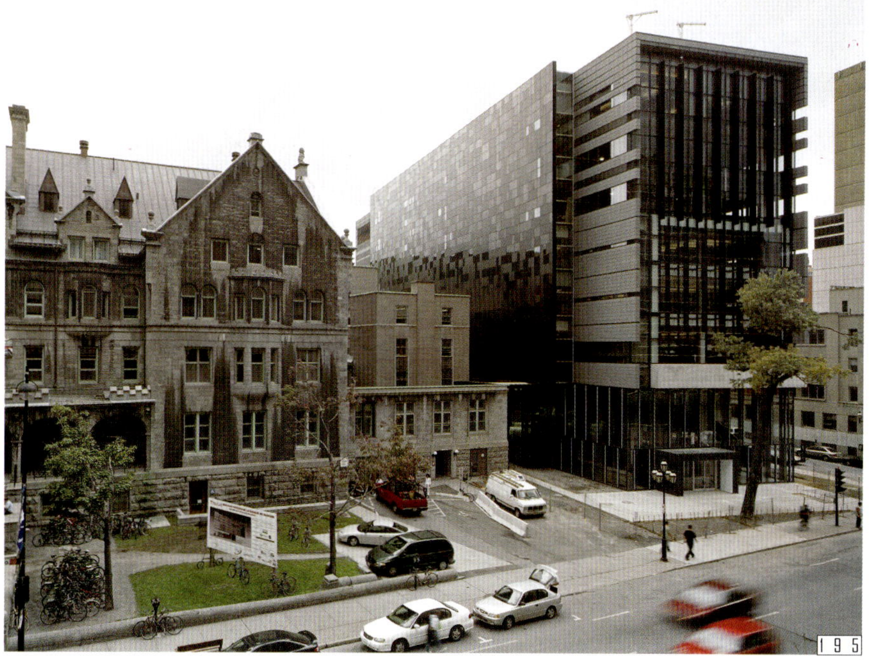

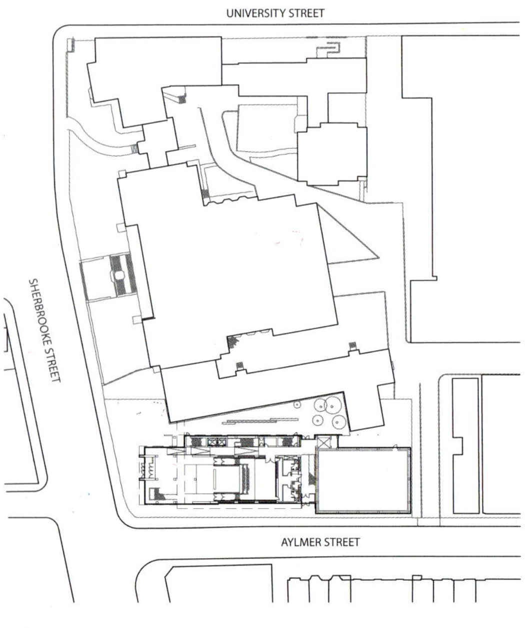


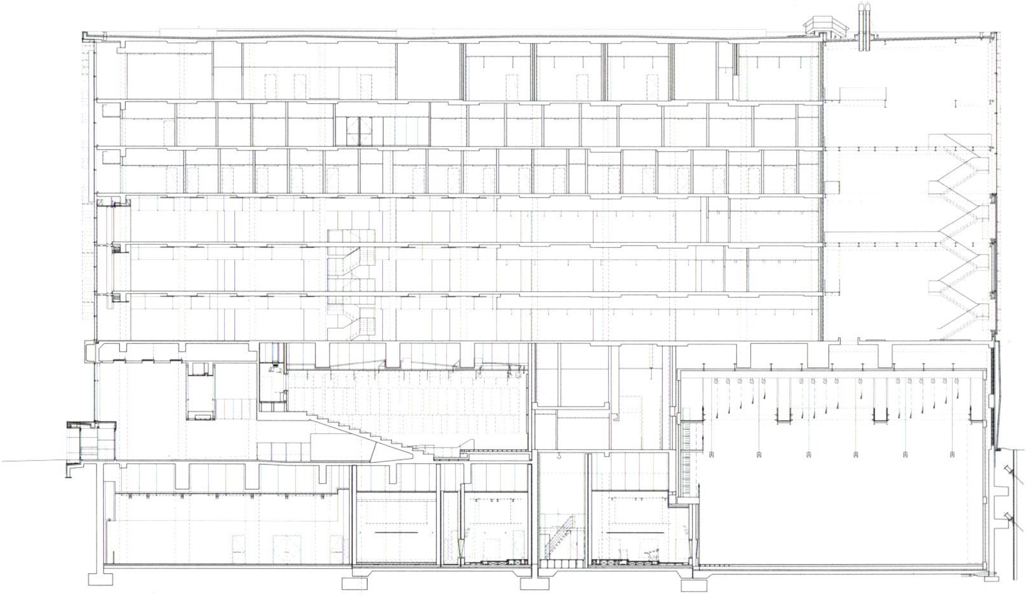


Longitudinal section

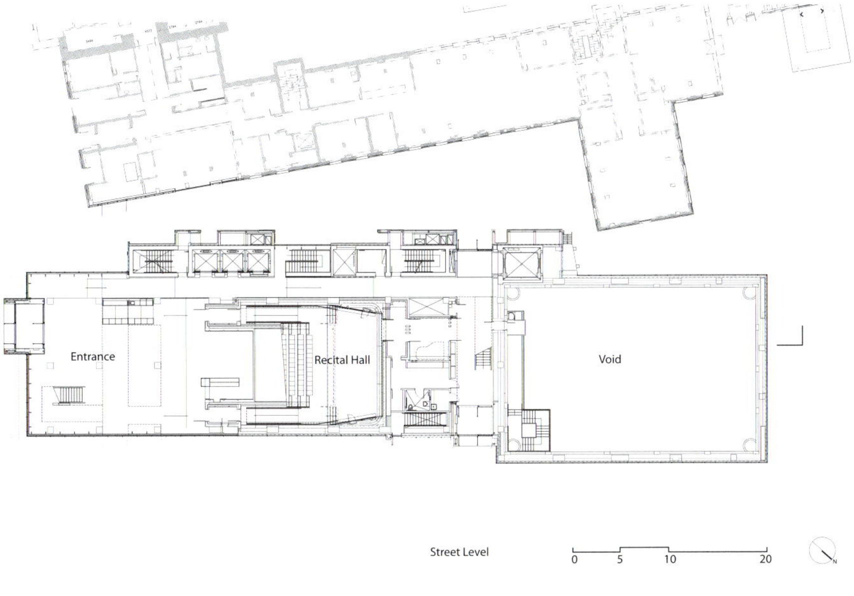


Street Level

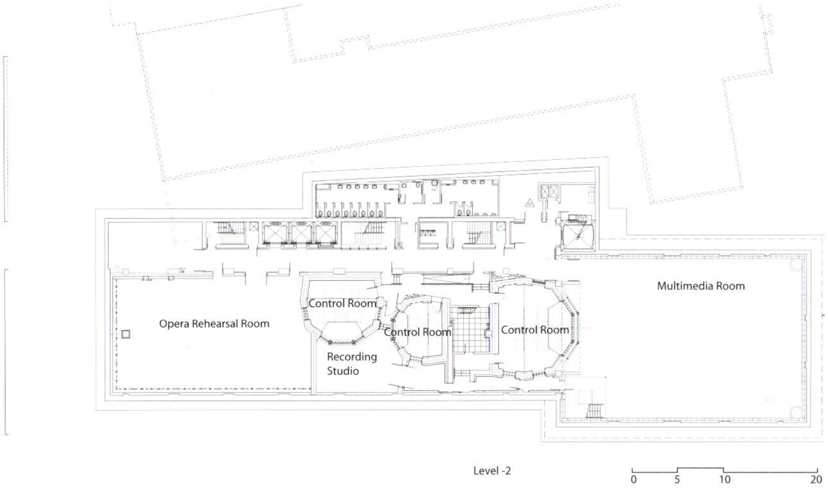


Level -2

SALLE TANNA

TANNA SCHULICH HALL
A102

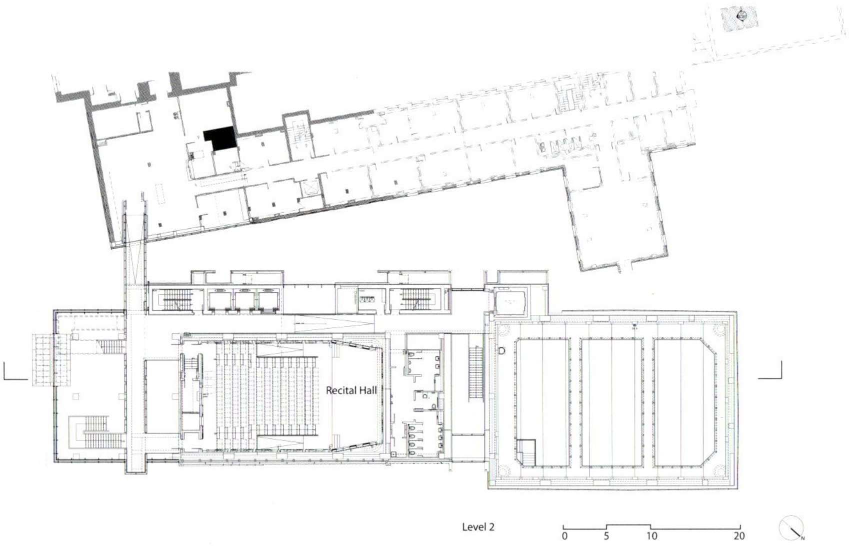
Recital Hall
Level 2
0
5
10
20

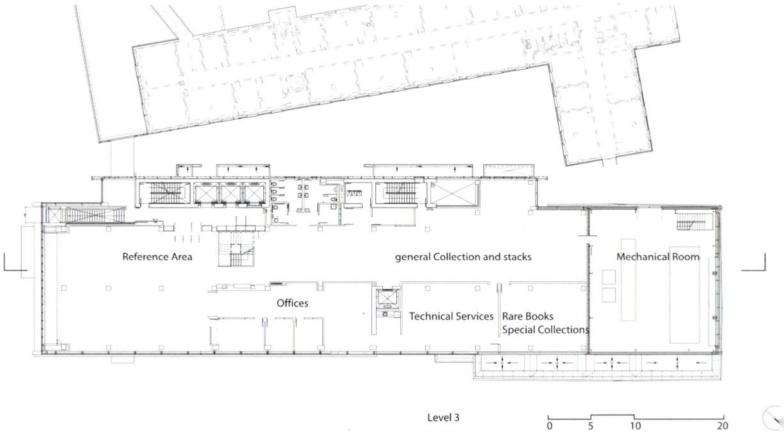
Reference Area
general Collection and stacks
Mechanical Room
Offices
Technical Services
Rare Books
Special Collections
Level 3
0
5
10
20

# ➜ Gerald-Godin College

在臨近Rivire–des–Prairies的地方，前有的基督修道院在Sainte–Genevive的村裏的位置居高臨下。建于1993年的這座修道院是由建築師盧辛帕倫特按照倫族風格設計的。20世紀90年代，它被選來用于容納一間新的位于蒙特利爾西的法國學校。這次功能的改變代表了大樓的第三次生命。大樓的混凝土結構被覆蓋了一層當地的石料板。大樓坐落于一座擁有一個3.5公頃微微傾斜的風區的小山上。在風景區裏，有一個向北延伸至Rivire–des–Prairies的半島。在鐘樓的嘹望下，大樓由一個帶有兩個側翼的主體構成，兩個側翼則圍繞在一帶頂的修道院周圍。學院的計劃由各種各樣的教育職能組成，包括教室、實室、一間圖書館、教授辦公室、行政部門以及一家對外開放的能容納350人的功能戲院。現有大樓的壯麗氣勢和所在位置的美麗迫使我們在靠近這一風景想把一種補充的却又虛構的考古學介入其中。這種考古學可以導致一個分層計劃，以及在擴建計劃的設計和歷史性建築風格中形成一定的空間。在尊重有地形學和回憶Sainte–Genevive法式村莊的來源的時候，附加部分的建築風通過引進的考古學分條法在整個計劃和部分之間形成了新的關系，從而對參者形成了一種持久的印象，因爲他們經歷了新老空間的叠加。通過把運動設和戲院放于地底下，附加部分的整體體積减少了，使得整個場所能够面向那河。戲院向上開放至靠近河岸的一個舞臺。兩扇從地下突出的天窗，照亮了院的休息廳，并且暗示着一個無形的地下世界的存在。教室和實驗室位于一懸浮于被挖掘的地表之上的石刻之中。用黑鋁外層覆蓋的新大樓似乎被分成細片，而且被延伸了。位于地平面的自助餐廳成爲了新風景和上方的教育大（包括教室和實驗室）之間的實際接口。修道院的内部空間沿着由東向西的大樓和前禮拜堂（現爲圖書館）的軸被拓展了，同裏面的庭院連接了起來。

攝影師：Marc Cramer

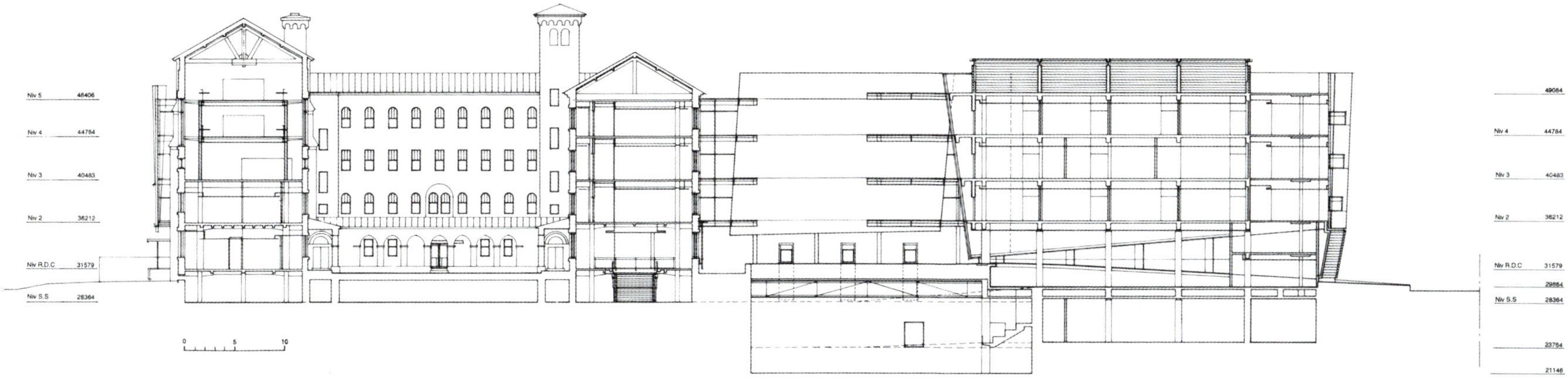
Niv 5 48406
Niv 4 44784
Niv 3 40483
Niv 2 36212
Niv R.D.C 31579
Niv S.S 28364
0 5 10
49084
Niv 4 44784
Niv 3 40483
Niv 2 36212
Niv R.D.C 31579
29864
Niv S.S 28364
23764
21146

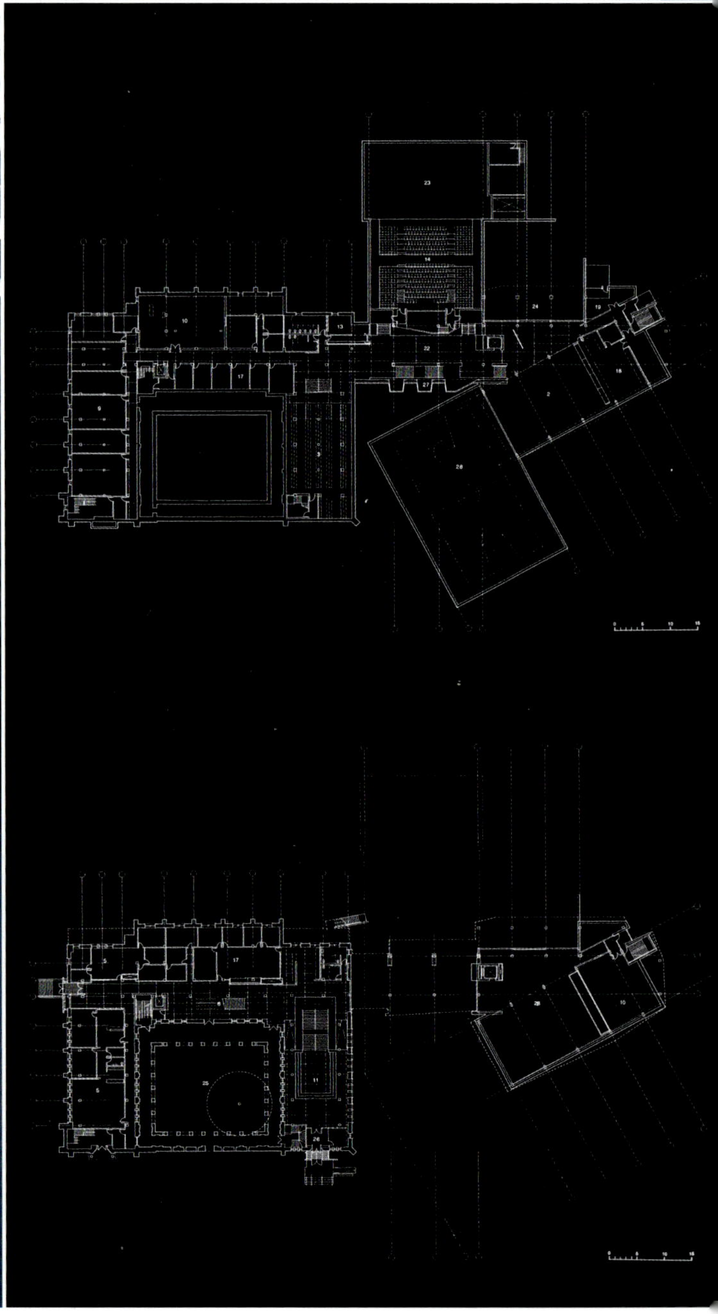

# 208 SHAMIYEH ASSOCIATES → Seifert House

塞弗特夫人今年六十三歲，是一家美術館的館長，在她以前住的房子，一棟有着大約150年歷史的
建築被燒毀之后，委托建造這所房子。她對這所新房子抱有特別的要求，即新房子（與她之前的房
反）應與大自然融合，可以使她對季節變化有一種身臨其境的感覺。

此后，這所房子的概念成了建築師密斯爲之沉醉的東西，特別是法斯沃斯住宅，以及如何構建既對
開放又能保護隱私的空間的難題。此外，它成爲對于空間中多大的自由度能够有效地决定生活方式，
解放某些特定空間相反的一項調查。而第一種模型是Rietveld試圖創造自由，如通過推拉門等；后一
型是密斯的結構式開放計劃。

塞弗特夫人懷着極大的興趣試圖去追尋和理解的這些理念，并支持建造的最終决定。她賣力地試圖
解密斯的建築理念并再次踏上接受教育之旅。

住宅建造需要注意的地方：

基于主人的個人和文字參與，這所房子——由混凝土和玻璃建造——在不到7個月的時間内建成，
預算之低令人難以置信（1.350 $m^2$）。整個房子的室内由暴露在外的凹凸不平的混凝土組成。混
“巨石”（簡化的岩石形式的混凝土塊）内部是色調柔和且平滑的表面。爲强調房子的開放性，
石”四周的地板設計爲灰色均勻混凝土填充。

照明系統可支持整體混凝土結構的理念：混凝土“巨石”的巨大壁龕，例如圖書館，用彩色玻璃
蓋，并在夜間成爲光源。在白天，慷慨的天窗給兩個混凝土“巨石”中的房間帶來了大量陽光。

没有柱子支撑獨立玻璃面。因此，天花板設計爲懸臂式結構。即使結構的一些部分懸挂超過7米，
師仍然可以精心設計加固以保持天花板的厚度變薄。

由于房子定位和形狀的一般概念，盡管高度開放和透明，對内部瞧上一眼也是不可能的。

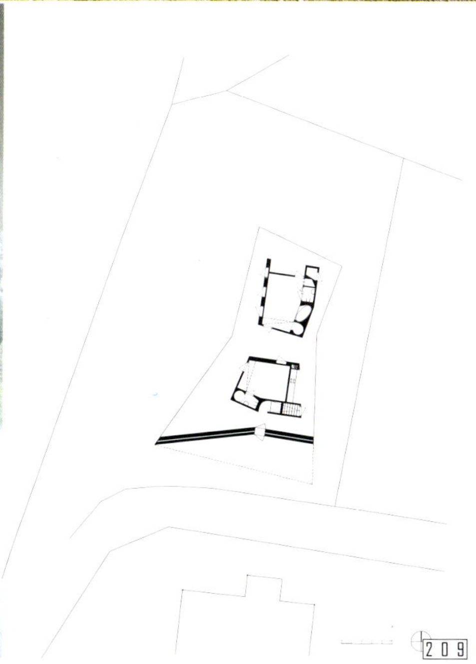

006年伊始，塞弗特夫人已居住在這所房子裏——没有任何遺憾。
處的這些圖片是在最后的園林設計之前拍攝的。

影師：Paul Ott

# 212 SIMONE MICHELI → San Ranieri Hotel

"淹没在空間與實踐的夢中"

這個項目是由三個意大利建築師通力合作而成，他們宣稱通過項目的實現來定義新時代旅館的三維空間，設想成爲一個爲旅行者提供的放松的具有共鳴效應的緑洲。

綫性表面、漸變的色彩、迷人的通透性和精致的材質使比薩成爲一個理想的地方，在這裏通過這個"都市宣言"的創造，開始一段新的夢想，形成了一個新的接待觀念：刺激旅行者的感官體驗，使他處在一個獨特的和意味深長的空間聯系中。

動人的懸挑式空間布局，決定性的景觀尺度，朝向緑色的草地和屋頂開敞的没有邊界的平面，限定出了這種新的大膽的建築學處理方式。方案特色之一是具有一個雙層皮的結構，能够過濾内部空氣，并進行調節。同時，建築通過"藍墻"産生能源，藍墻的重點體現在深入的研究和對透明潛力的發掘上，使其同環境和人們組成了一個綜合的整體。

這個建築物外部强烈的海藍色，幾乎完全被半透明的窗簾和半透明的玻璃覆蓋，在陽光下，活靈活現。它能够在白天完全顯現自己。在晚上它變得閃爍不定，令人難以琢磨。這多虧了智能的照明工程和熒光管上有趣的游戲程序，它標志和反映了城市的易變性、復雜性和富于感情。

歡迎來賓的方式富有含義和氣氛。跨越虚幻世界的感覺從一開就非常强烈，在這個環境中存在着情感被控制的色彩。

鏡像的世界是直接可察覺的，在那裏通過形狀和陰影的不同比，完全反映了真實世界的變化，獨立的空間和流逝的時間呈着對立的價值，使環境豐富。

本質、困苦、活力、興奮和特殊性，這些信息能將旅客的注意轉移，使他們處在一種獨立和意義非凡的空間關系中。

直接的表面和迷人的體積，光的敏鋭轉换，表達出了可見的

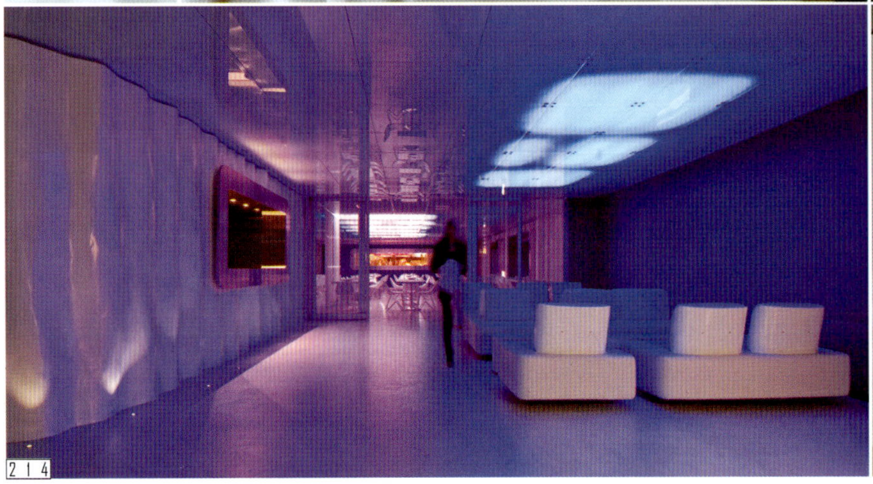

界，强調了表達現代性的目的，美麗和重新建立滿足的感覺。
對于興奮的感覺没有限定：證據是天花板由乳白色的玻璃制成，增强了棱鏡對位于内部光束的作用。水泥人行道路産生了一個穩定的尺度，使有些産生壓抑情感的基本元素得以在周邊環境中釋放。
一個鋼和玻璃的樓梯和兩部上下貫通的電梯，臨近一個長得走廊，完全由黑色來控制，正好有時間在這裏停留。我們被比薩藝術家的數字照片所吸引，它帶我們回到比薩過去的價值世界中：由于獲得白與黑之間，紀念碑的記憶或者歷史性運動的短暫停留，每個門都意味着一個新的含義，一個長遠的價值觀念。讓我們享受這種集體情感的魔力、分享珍品并營造我們過去、現在和將來的記憶
都市的漫游再次展開……

Winery 14 Viñas

Winery 是一座有着突出特征的獨立式大樓。由于它的工業的作用和它所在的具有象征性的環境一樣，它對較低環境影響的景觀提出了一個受人尊敬的方案，這個方案對等級和景色主要的顏色都比較合適。

Winery位于一個平坦的山上的頂上，這座山聳立于景觀和葡萄酒院子間。工程的一半被埋在了葡萄酒院子裏。建築前面和后面的條件使這個工程看上去呈兩級分化狀態，將北邊的那面清晰地與南面區分開來了。需要向南邊開的空間會有最具有象征性的正面，工業設備被保護在大樓的北邊。如此一來，作爲一棟工業大樓，這個工程與周邊環境和諧相混的只有winery了。

這個工程是以85.5 m. X 23.10 m.的結構緊凑的矩形呈現出來的。爲了對winery進行最好的工業開發，必須包括所有必要的元件并將其陳列陳列出來。

這個地基由兩個等級組成，一個塊狀特征的低混凝土等級和一個位于上方的清晰構造特征的更高一級的更輕的金屬等級。

這個由反光鋁制成的打褶金屬外表，將地基覆蓋并且使樓正有一個模擬的特征。這個折叠的板子與風景相互配合着，與周邊環境玩着一個和諧的對話式的雙重游戲。

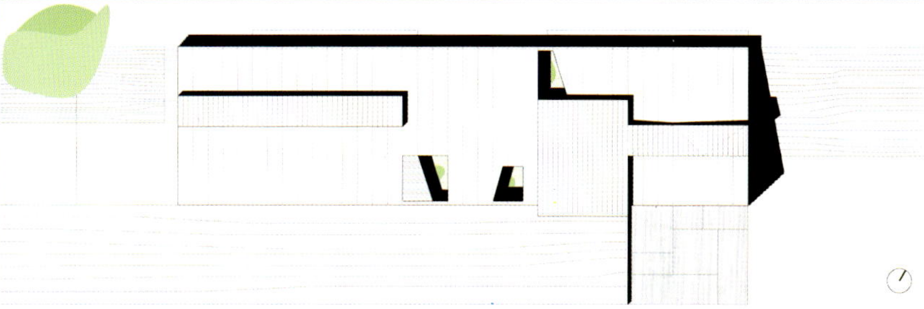
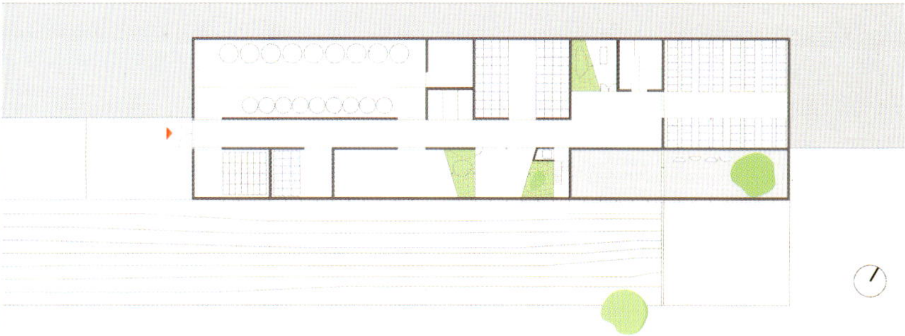
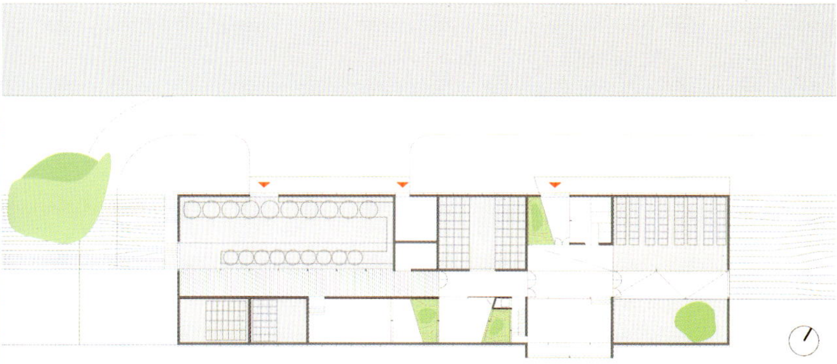
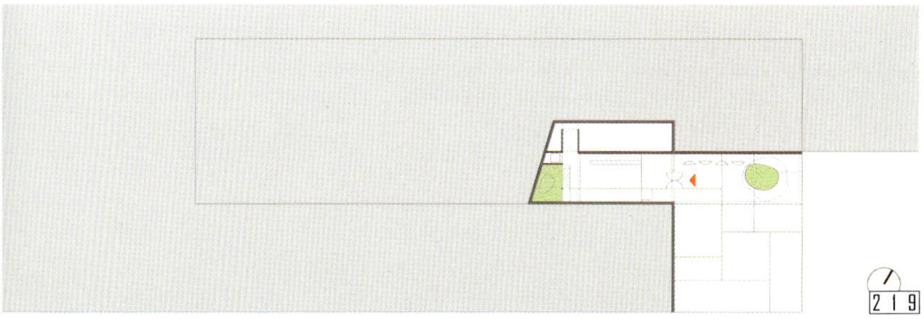

# 220 SMOLENICKY & PARTNER → Sempach

empachersee高爾球俱樂部的擴展部分包含一個課程，便形成
士的最大的高爾夫球場。它位于瑞士每個中心部位，它離
rne 大約15公裏。
lenicky& Partner建築辦公室被委托在擴大了的場地連接處設
棟大樓=俱樂部和餐廳大樓以及新的維護大樓。
狀況：
部房子准確的位于地形的頂部，在這裏高爾夫草地的高原衝
一個往下傾斜的坡中。從這裏可以看到湖泊和瑞士内部的阿爾
山的遠景。横穿高爾夫俱樂部的公共的道路沿着地形山脊而
。
有風格策略的表達：
和新大樓的内部設計都是想將場地的兩個明顯不一樣的風景現象聯合爲一個單一的效果。新的展示一方面是以Sempachersee場地的高爾夫文化的國家特點爲模型的，另一方面是以其世界知名度爲基礎的。最終，其外觀在一個木材倉房的鄉村温暖以及一個Masseatis跑車清晰的綫條間擺動。這是表現場地二元主義的真實性以及大樓本身内部的潛力的努力。

內部空間：
工程的三個主要功能是離心式的圍繞着中心分組的，位于厨房——此工程不可見的支軸——也就是公共厨房，成員的吃飯區域以及兩個大型的娱樂房間，后者是一個叠一個的。
由于房間的幾何形狀一起在風景中形成了一個有秩序的180度的全景圖，這兩個飯店中的每個飯店有三個大的觀光窗户。在酒吧上面的鏡子形成了第四個窗户，放大了并且折射了全景圖的印象。
與兩家飯店非常不同的是，大型的娱樂廳由一個單一尺寸的窗户所占據，形成了一個幾乎20米長，寬寬的在終年大雪覆蓋的阿爾卑斯山的全景圖。如此深思熟慮的設置垂直的富麗堂皇的景色帶來了好似西方萊昂内的電影感覺。
外部空間：
此很有表現力的，看上去像物體的俱樂部建築的整個形狀是通過兩個U形成的外部空間詮釋的。兩個尺寸的，黑橘色的墻包圍着公共的前院——大樓的主要的入口——像一個隔墻，同時黑–藍色的塗漆的屏幕詮釋了除了俱樂部空間以外的空間。

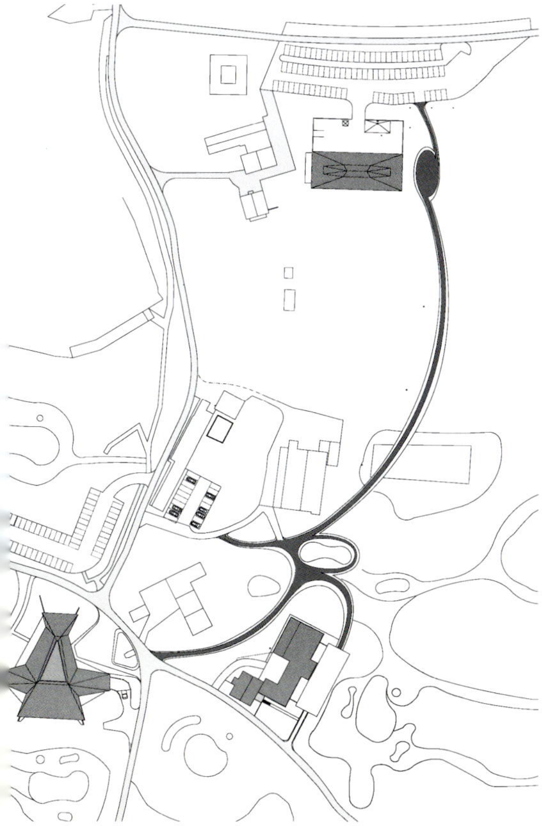

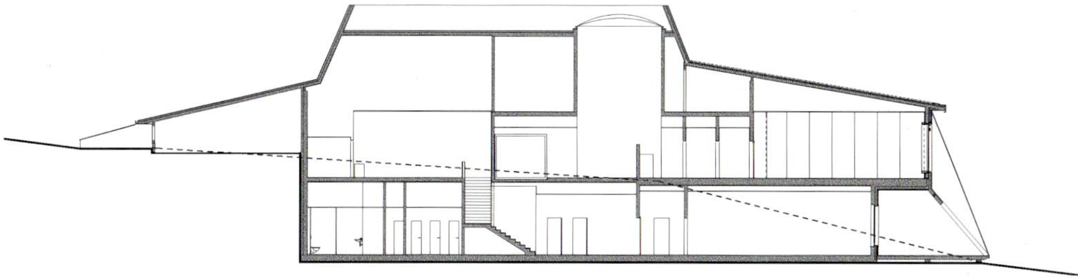

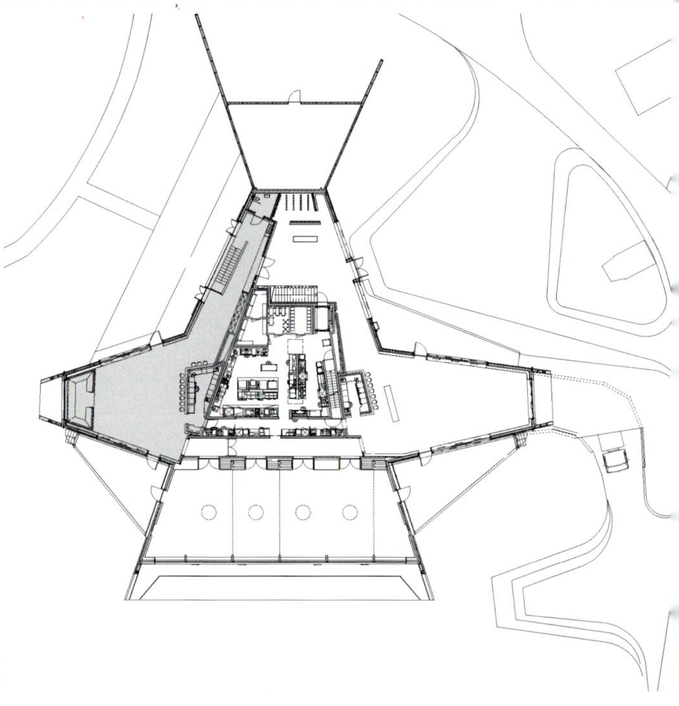

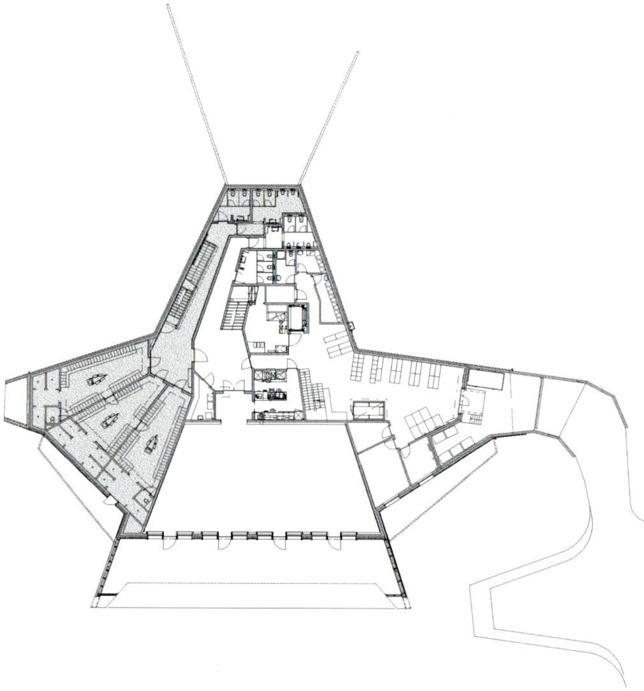

# 226 SPF:a → Beuth Residence

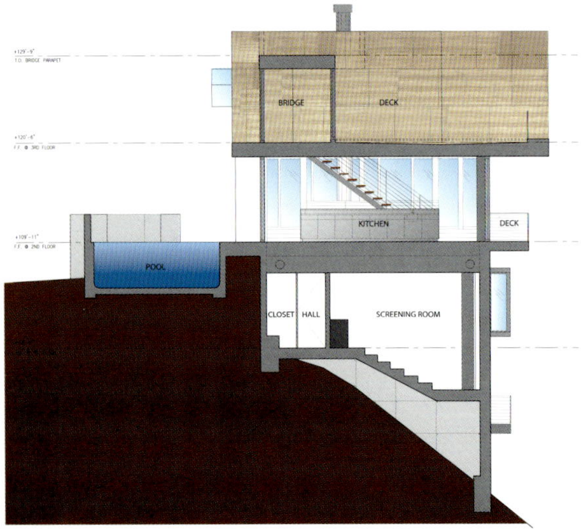


這套坐落在近乎45坡度的貝斯住宅是一個四層高、多立面的觀景站，俯瞰洛杉磯盆地。住宅包括兩層帶有混凝土底座的地基，家用車庫和一系列的娛樂配套設施。

房子的上部包裹柚木板，好像漂浮在全玻璃式主體上部的半空中。站在主卧室突兀出來的密斯式的客廳，人們可以180角度觀看洛杉磯盆地，從蓋蒂博物館延伸至洛杉磯市中心的摩天大樓。參觀者沿着入口順序，路過一個帶有燈箱噴泉的游泳池和spa，然后進入房子的門廳和公衆區域。這裏彌漫着一種令人窒息的美感，視綫越過低處的餐廳直接可以看到卧室。在樓上，私人卧室對面是一個公用的平臺，房子的底層埋入山坡裏，這裏還有一些娛樂和休閑空間，包括游泳池臺，帶有玻璃天花板的酒窖，放映室、健身室、舞蹈俱樂部，配備DJ工作臺、鏡面舞池和全套服務的酒吧。

在照明敞開層的規劃裏强調了每個房間使用自然光，主要規劃元素必須放置在中低高度上，這樣避免遮擋外部視綫。室内外空間通透的布局，增强了人們在卧室、餐廳、厨房和私人區域自由動時和室外的聯系。主樓梯占據房子的中央空間，影響了軸式制門對門的照明，視綫和通風情况。

在樓上，房子的卧室削弱了四面的噪音，可以看到天空的景色主套房位于卧室上方，通過主床附近一個四英尺高窗户以180度欣賞美妙的街景。隔着床邊幾步遠是一個休息室，人們可以在巴塞羅那椅子上消除旅途疲勞，從窗户遠眺風景，早餐飲用啡和瀏覽報紙。主床后面是一個透明的浴室，這裏"隔離"了室和奢華的主浴室，鋪設石灰石地板，配備SOK桶，兩個支座槽、超大衣橱和兩個獨立的入口大門。厠所和浴盆隱藏在藍色透明玻璃后面，需要仔細看才能發現。

貝斯住宅屬于洋溢奢華風格的緑洲，不僅充當房子的用途，而也是眺望繁忙街市的私人觀景臺，僅需幾步之遥就可以逃離喧的世界。

# ➜ Brosmith Residence

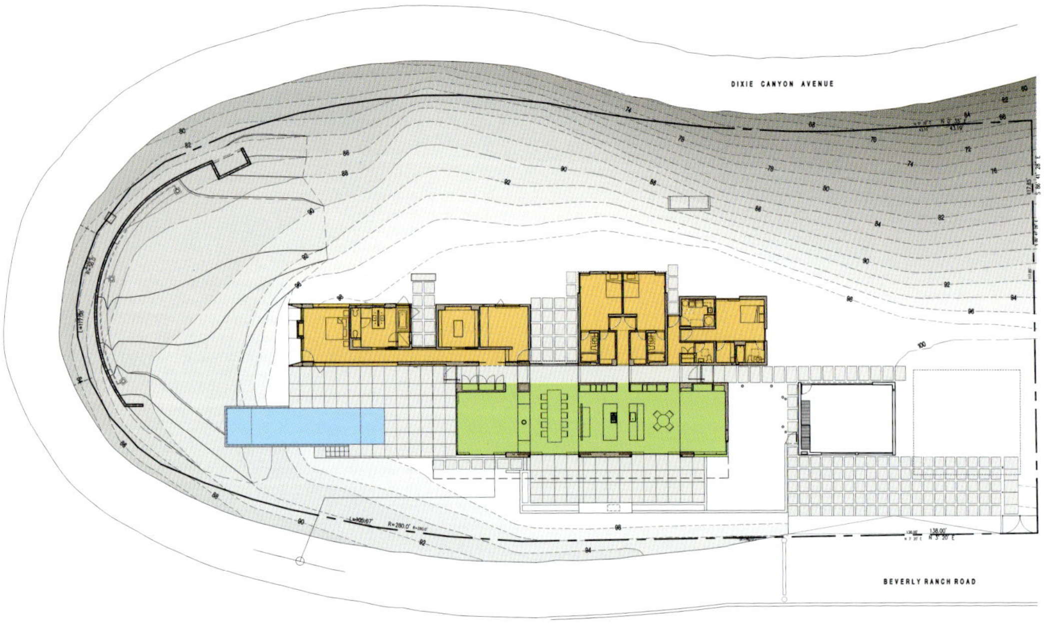


這套占地面積爲409平方米的布朗斯密斯住宅是坐落在穆赫蘭景觀路的山的一個單户住宅，從這裏可以俯瞰南加利佛尼亞的聖費爾南多山穀。房可以比喻爲早期加利佛尼亞個案研究活動中的簡約派中的美人，具有迷的樸素風格以及憑借感覺使用的普通可用材料。

房子在各個方面提供了室内和室外居住的機會：没有墻段的庭院利用了似完美的加利佛尼亞氣候，開合門窗后感受到怡人的陽光以及凉爽的風。

房子圍繞一顆中央松樹搭建，根據不同用途劃分爲幾個分段的居住群。個“群”具有獨有的室内外庭院空間，并且每個群單獨和房子中央的松相連。建築在這些庭院内部開闢了作爲居住區的外部空間，包括主套房孩子房、辦公室、保姆房和公共居住空間。

普通居住空間沿着山坡逐級分布，首先是家庭空間、厨房，然后是餐廳正式卧室。整個公共空間促使人們的焦點集中在末端地板延伸至天花板玻璃，俯瞰房子北面的無邊際游泳池。家具和獨立式櫃子的高度較低，免外部窺視。

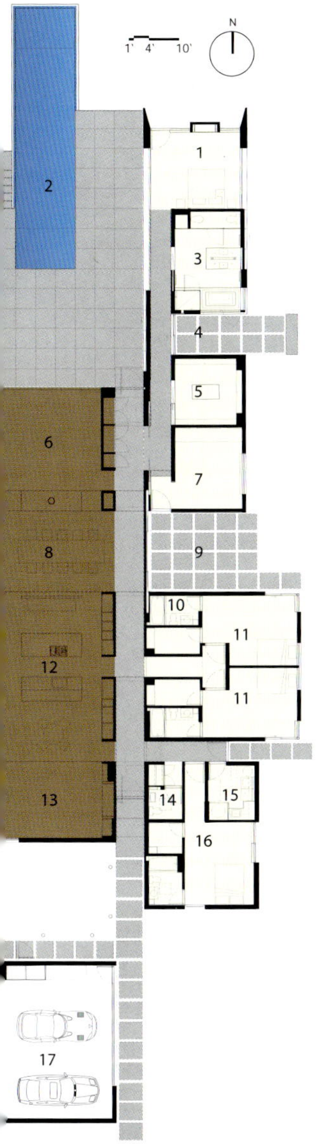
1' 4' 10'
N
1
2
3
4
5
6
7
8
9
10
11
12
11
13
14
15
16
17

# ➔ Oshry Residence

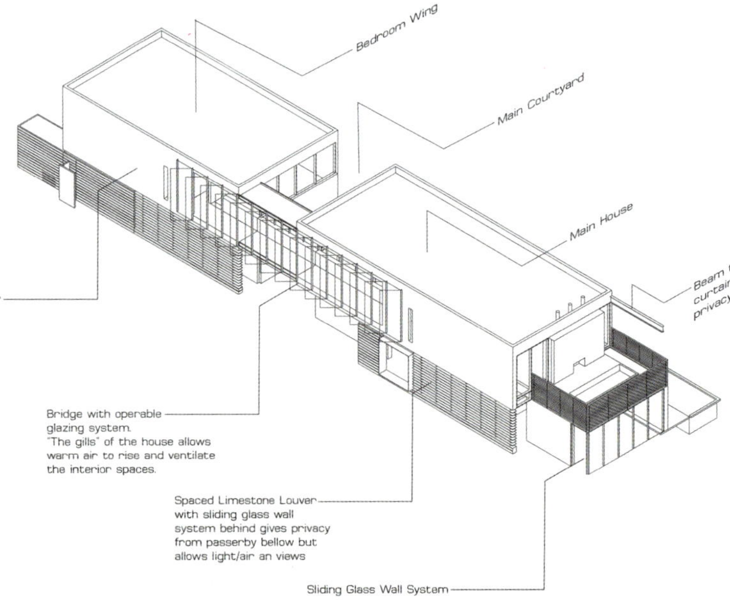


客户要求得到一個全面塗白體現簡約美的房子。他在陡峭的峽穀邊緣地帶挑選了一片
的空地，地點坐落于加利佛尼亞州貝萊爾地區的石峽穀中。

早期的土壤測試説明這片土地并不適合在標准地基上開發居住區。 因爲土壤的不穩定
建築師需要在地表以下27.4平方米處扎入混凝土摩擦挖孔樁，打造結構的地基。這項
的成本——不要説在45度斜坡邊緣實施分期工程的難題——成爲本次項目綫性設計需
慮的最基本因素。

建築師沿着一條狹窄的樓板設計房子構造，增加了作爲居住空間的室外庭院，鳴聲結
用了最少數量的基樁。最終，建築上層設計有兩個獨立的空間，兩個空間由聲響玻璃
接，底層是一個中央庭院，作爲對整體房子的透明度和連續性的新式展示。

房子立面徑直體現了客户理想的簡約風格，大膽呈現了結構的純粹容積元素，把地理
對構造的影響降低至最小。當人們從樓梯下來進入厨房和餐廳的時候，一長串的石灰
葉窗可以緩解直射陽光的影響。沿着首次地面標高，在每隔6″的空間裏都會固定一個
平面，作爲無光源的遮蔭處却不阻擋視綫，白天在室内投射出變化多姿的影子圖案。
在峽穀采用這種獨特、前所未有的以及創新的手段，建築師佐爾坦·巴利解决了位置
壤和滿足客户獨特要求導致的大量復雜難題。

# ➜ Somis Hay Barn

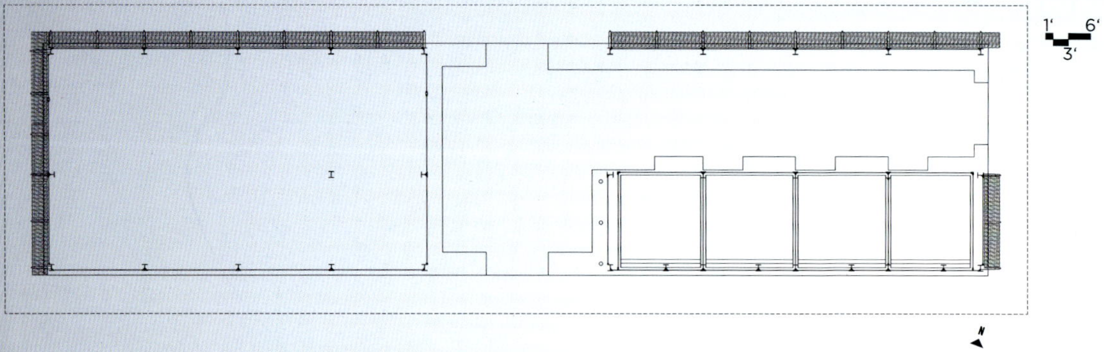


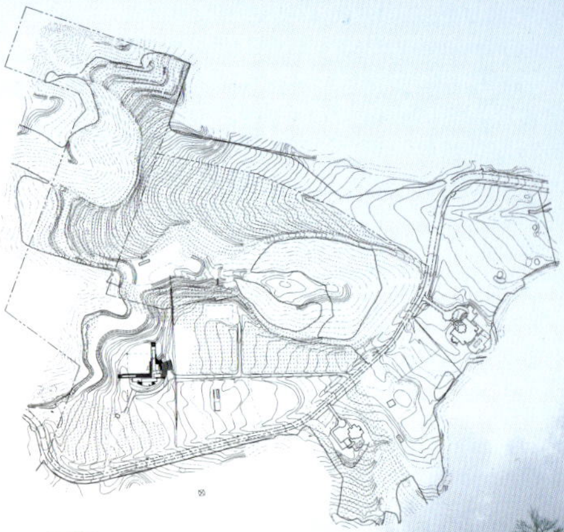

有多少建築師還能想起干草棚呢？SPF認爲人文是一種理念，也是種儲存干草的創意和詩意方式，將其作爲該方案的建築形式。

人們根據覆蓋在穀倉上面的干草不斷變化的顏色和定位得出概念當干草冬季堆放在外面的儲藏架時，干草發緑；隨着季節變化，草發黄，看護人就會從架子上取下干草，當作飼料。這兩個因素定了房子的立面永遠處于進化狀態。建築象征着生老病死，代表農耕社會常見的季節主題。

農倉放置4匹馬、拖拉機、馬具房以及其他家庭設備，用來整理倉四周綿延16.2公頃的檸檬樹林。鋼結構系統是簡單的網格設計按照馬厩理想的尺寸建造。自然風從開敞的天窗流入，屋頂檐口大，可以保護包層不受到雨水的衝刷。

農倉對室外包層選用了許多捆干草，同時也通過草捆數量的增加減少産生一個模擬穀倉的視覺體驗。干草具有雙重功能，一方面以爲室内空間提供高度保暖，另一方面爲馬匹營造一個全年舒適生活環境。

**➜ Modaa**

計藝術+建築博物館（MODAA）位于考文城萌芽的復興邊緣，在交通動脉主街的東面。本建築有充滿活力的幕墻，是多種用途的文化項目，并且能增强城市增長的熱情和動力，作爲城市市區藝術裝飾院區域和直接出現在東邊的世界級藝術畫廊區域之間的視覺橋梁。
Studio Pali Fekete建築師（SPF：a）開創MODAA畫廊，目的在于“公開探索設計、藝術和建築間的協作關系”。本大樓探索MODAA畫廊空間內的這些關系，但還包括覆蓋整座大樓的不同學科間的協作。
大樓的物質方面探索城市各層次的變動、運動、速度和節奏，使用刺激和愉悦想象力的材料、紋理和變動。外層的混凝土纖維面板形成一個獨特的雨屏，還可以用來阻擋來自樓下喧囂的華盛頓大道的噪音，同時將大樓與加利福利亞常年的陽光射綫隔開。面板在寬度和深度上的變動猶如視覺“音樂”，在寬度分别爲 8″、16″和 32″的面板變化中玩花樣，不同的三種顔色隨機地交替出現在大樓的表面。大樓幕墻獲得來自文化事務委員會的考文城“建築如藝術”稱號，是在這座城市中獲得該稱號的僅有的兩座大樓之一。
在街道水平面上，MODAA裏是Studio Pali Fekete建築師（SPF：a）的工作室，一個美食家咖啡酒吧和大樓的同名物——205平方米的畫廊空間，允許使用者在大樓的低層的每一部分流動。建築工作室如MODAA畫廊本身一樣，是開放供探索的，以全年在變化的探索性文藝、設計和建築展品爲特點。天花板有6.1米高，有部分中間層空間。
樓上的7個藝術家生活/工作居所深化了MODAA的設計協同”試驗”，住着SPF：a兩名主要建築師和6個獨立的與設計相關的企業。閣樓有16英尺高的天花板和中層樓空間、安裝在高墻上作爲窗户的8′的Fleetwood推拉門，同時每層閣樓有兩個獨立的入口，爲居者的替代生活和工作功能服務。

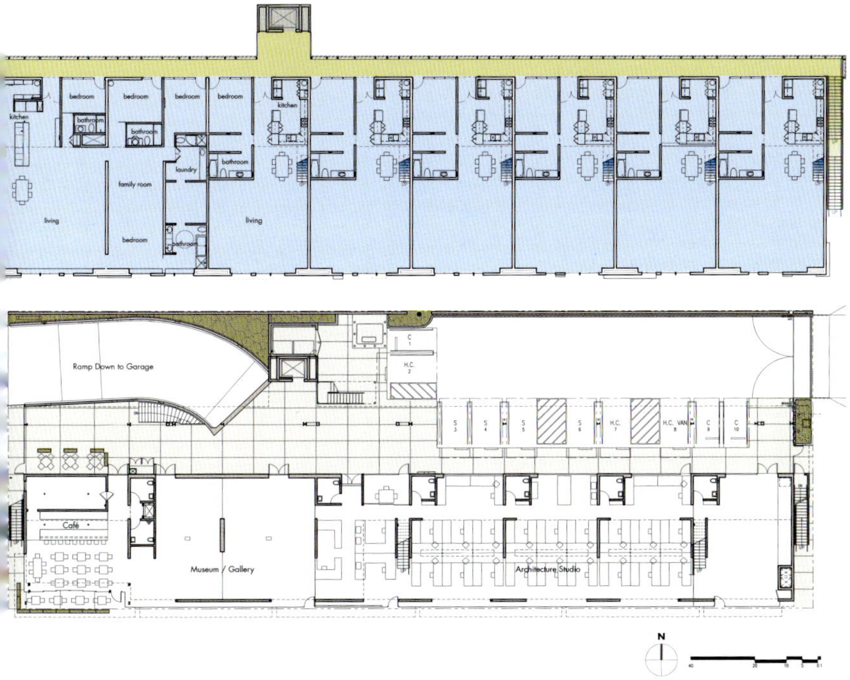

bedroom
bathroom
kitchen
family room
laundry
living
Ramp Down to Garage
Café
Museum / Gallery
Architecture Studio
N

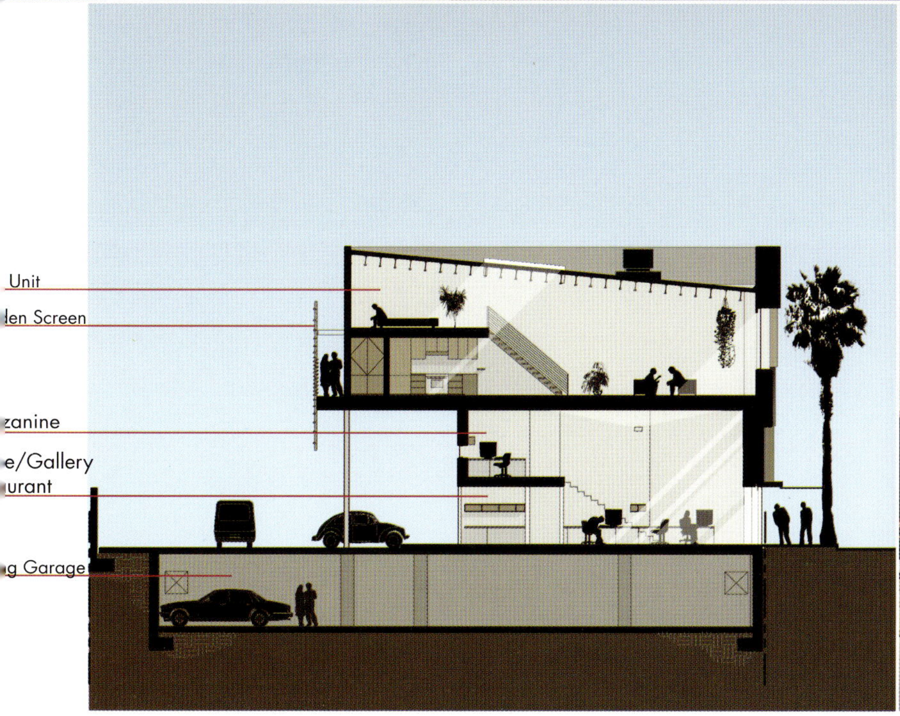
Unit
len Screen
zanine
e/Gallery
urant
g Garage

# 248 STEPHEN VARADY ARCHITECTURE → Fullagar Residence

卡爾住宅小區是悉尼郊外的一處試驗性住宅區，它雖然采用的建築方法和建築材料——混凝土、磚結構、木制框架、纖泥——但是却揭示出另一種"住宅"設計理念。自從邁克福拉卡爾擔任建築師以來，房屋建設就不再采用結構明細而是靠各方的協作來完成。這個小區的住宅寬敞舒適，特别利用太陽能，同時借助于雕塑體現出藝術美感。小區建築的從卡兹米爾 馬爾耶維奇（kazimir malevich）的arkhitektons築物中汲取靈感，大量采用交叉直綫，而大面積的鮮明色彩源于約瑟夫 阿爾伯斯（joseph albers）和約翰内斯 伊登hannes itten）的啓發——與杰弗裏 斯瑪特（Jeffrey smart）突出澳大利亞本地風格，在這一點上要比弗雷德 威廉姆斯d Williams）略勝一疇。

建築物的外表面被切割成五彩繽紛的小塊，住宅本身看起來要比實際尺寸顯得小巧。這種將建築物外墻塗刷上小塊顔色的做法是對塗色理論的另一種探索，也是通過四種不同的"天然"茶色搭配，對"融合"概念的實際應用。而紅色在這些色彩中起到了畫龍點睛的作用，襯托出整體色調。同時，帶有樓梯的墻面中央也塗上同樣的紅色，起到視覺平衡的作用。在房間内部，也一改將墻壁和天花板全部塗成白色的做法，而是嘗試使用其它顔色，并使房間和天花板的色調保持一致。這種做法讓空間的表現方法與衆不同，同時讓墻壁和天花板的接合部分更加柔和，没有完全遵守傳統概念。

在住宅小區建築之始，就已經考慮到以前的業主可能會對雨水排放有所限制，這種限制，加上建築地區的傾斜度、建築物應當朝北建築等幾個因素，構成設計的初步要求，因此决定在設計時將各個房間置于不同的平面上，這樣一來，就要在房間布局上巧妙構思，以便讓整體空間得到合理利用。在空間利用上，還考慮到未來幾年中住户還會不斷增加這一因素。

福拉卡爾住宅區建在西德爾玫瑰小區的拐角上，該小區由哈裏西德爾（harry seidler）設計，因此也融入了一些西德爾玫瑰小區的設計特點。

最后，福拉卡爾住宅小區是爲住户設計的建築物，因此在設計上首先滿足住户的需要和要求，在設計時體現出這些需要和要求。這是一款實用、舒適的住宅，但其設計理念與一般住宅、尤其是悉尼郊區的住宅截然不同。不論是建築物，還是我本人，都敢這么説：我超凡脱俗，而且我品質優异……

攝影：Stephen Varady

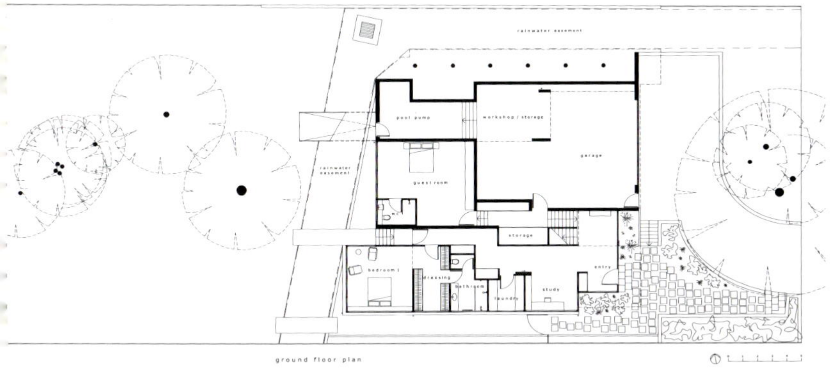


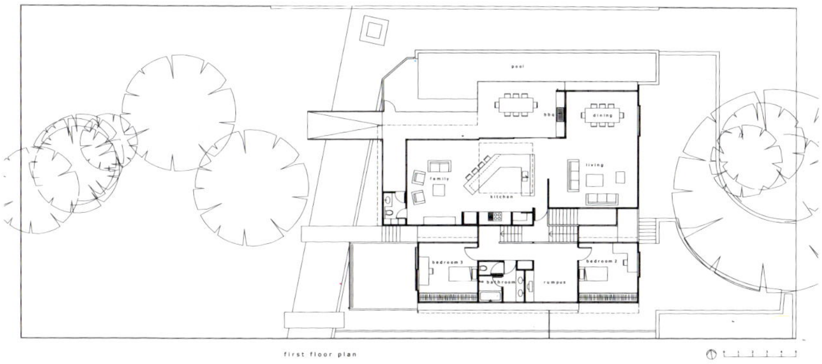

# 252 STUDIO DI ARCHITETTURA MARCO CASTELLETTI

**➡Bathing Establishment On Lake Segrino – Eupilio (Como)**

Segrino 湖公園位于南邊海灘扁平區域，游泳設施是公園裏的一個亭子。

爲了將體育活動和休閑活動與美麗的湖水相聯系，新的大樓與周邊的自然景色相聯系起來了，并且尋找更長的輪廓。這個輪廓盡力的通過一個前部的地方插入到地方公路和湖泊的界限之間，前部的地方沿着現在的循環港在公路的下方延伸了90米。

亭子離公路很近，循環港在一堵墻人工制成的墻旁邊，盡管使用了一個帶有氧化物的水泥，在公路另一邊出現的石頭放置的位置以及其一致性，插入土地中的高度竟有獨特的3米高，土地帶有低一點的覆蓋處，觀看的人在循環港可以看到湖水。

由一個垂直的“小塔”指明的入口處是直接通過兩個人行道斜坡與人行道/循環港相連的，人行道斜坡在界限處是向下的。經過入口到達海灘，可以很清楚的看到亭子。亭子是由椿子、橫梁以及木制的板條制成的，通過木頭中的小道與湖相連接。

整個建築，除了路邊的墻和噴泉已經經過研究并且在設施中形成了一個木制的結構，當設立起來的時候已經是在干的狀態下組裝好了。

沉浸在一個5X5米的正方形區域中，它在“L”處有一個有節奏的設施，“L”是以兩個朝右的角度爲特征的，分别是當房間更换和刷新點的時候使用的，設施周邊圍繞着連拱廊。

入口的門廊是朝着位于兩個封閉物之間的連拱廊上的湖開放的，售票辦公室就在入口的門廊處。沿着公路的部分各種各樣的房間，一個土耳其浴室、托兒所以及飼養室；另外一部分可以直接的看到包含酒吧和休閑室、員工室、熱中心，第一層有一個小的行政辦公室。通過插入木制的獨立于連拱廊的碼頭，按照卡爾秩序將湖、亭子和邊界連接起來，游泳區域的開口是朝着的，以遮蔽内部供一排排船舶停泊的區域。

攝影師：Filippo Simonetti

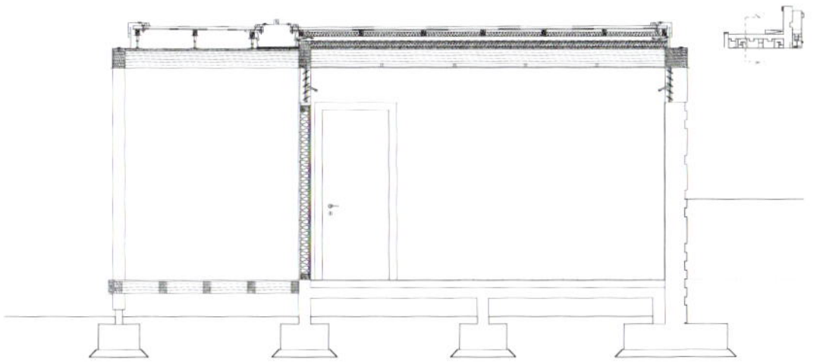

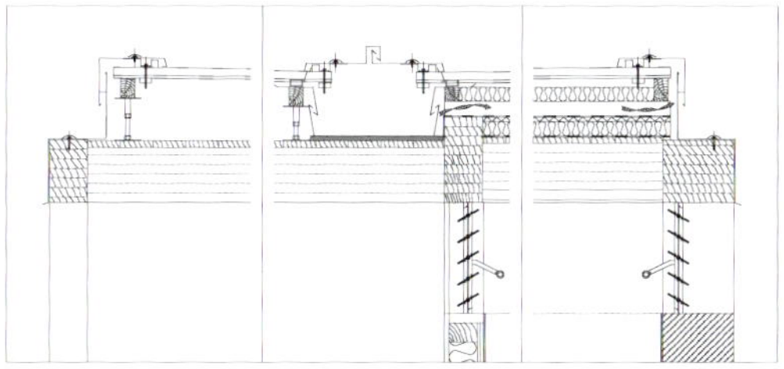

# 254 STUDIO FOR ARCHITECTURE → XX Wands

任務：
2004年在德國慕尼黑進行的有關幕墻式樣的評估活動中，將幕墻概念應用于多層建築的設計。在重建一家咖啡店與車庫的過程中，多層停車場的層高增加了21/2。從歷史環境和庫存建築的角度來説，由于停車場位于一個紀念碑下，在紀念碑的保護下，并處于整體系列的包圍中，新的幕墻非常重要。多層停車場位于慕尼黑老城區的中央區域，使中世紀的城墻和部分1430年的‘處女地’成爲多層停車場的邊緣。現有的法藍茲哈特多層停車場（1964至1965年興建）正面對着老城墻。暴露的老磚已被翻新。
解决方案：
新的鋼質結構的皮特海摩爾皮特幕墻采用鍍鋅鋼材，由電腦生成的使用期限，并生成了新的訂單樣品。在一個以2萬根鋼棒的結構上形成了一個網狀結構。其寬度是用于庫存建築物上的薄型磚塊的厚度，填充物長度爲1.5米。
創新：
采用鍍鋅板，電腦控制的等離子設備生産的幕墻直接采用電腦生成數據。也就是説，只需將原始數據輸入機器便可進行生産，而没有采用手寫圖案來進行建築設計。
幕墻像一個大柱子包圍了周圍的建築物，并如同一個透明的玻璃罩罩住了新的停車甲板。幕墻結構的密度被自上而下的縮減了。其透明的結構，以及使用統一的材料使其仍然保留這實心的建築特點。
建造：
停車場建築采用的是鋼筋混凝土結構，并使用了混渣磚塊層停車場的高度是結構鋼筋與鋼筋混凝土組成的樓層。幕鋼板高度爲8.5米，寬2.5米，并被固定在停車層的結構上。

攝影師：Gero Wortman, Florian Holzherr

12
AUSFAHRT

## ➜ Black House

the midst of the thirties colonies were built for reliable party embers-also in Krailing, a residential area in the southwest of unich.
e houses on the housing estate included a comparatively ge garden, as the self-sufficiency was conceptual very portant. One of those so-called "Hundred-Reichsmark-uses", which weren't bigger than seventy square meters at core, was radically remodeled by Peter Haimerl in order to n atmosphere by producing more light and bounteous in the ide. A new composition wind was also desirable.
a first step the dwelling and its barn behind were summarized to one structure, which has been wrapped up with insulation and appareled with a black bitumen skin. Only the fronts are plastered and white coated. The bitumen skin which extends from the floor to the roof has solved the hidden eaves gutter, but longs for fussy performed detail according to the circuit points roof cupola, which should better be termed as light spires.
The interior produces an atmosphere, which makes oneself forget the narrowness of the old "Hundred-Reichsmark-House". Additionally, light boxes have been attached analog to the roof cupolas. The compendiums show that the inside and the outside are corresponding as a whole. The structure has not been fragmented into small rooms again. A smooth lawn grows around the house, the small square in front of the dwelling is asphaltic and coated with small paving stones. You will search unavailingly for flower beds. The consequence with which Peter Haimerl has adapted the house authorizes the worthy typus to flexible usability, amazing bounteousness and the whole neighborhood to an amusing allotment.

# 258 STUDIO GRANDA → Hof Residence

霍夫住宅是一個在Skakafjrurfjord城新修建的住宅，距離北極圈不到100公裏。由于這裏的景觀奇特、地理位置偏遠，所以在設計這個特殊性規劃中，客户，承包商和建築師之間形成了一種難得的默契，建築的各個層面都是同心協力的直接體現。

現有的建築組合包括一間房子、教堂、穀倉以及河岸邊的牛圈。 最近在内地深入之處建立了一個馬厩。fjrd這片廣闊的土地屬于多山地帶，山穀狹長，和德任島以及Mát lmey的懸崖峭壁、órarhfi灘地相連。這套新住宅對抬高地面上原來集群的位置基礎上作出稍微改變，整個房間和空間都可以欣賞到一副壯麗的全景圖。

房子外面是一大群簇生的雪松，混凝土墻隨着構件的使用年代而日益腐朽。現場將草地移種到了屋頂，周圍草地是由草皮和石頭堆砌的土石方，經過了修建和平整后可以通向入口和平臺。在地基准備途中，房子挖掘了幾個六邊形玄武岩立柱，外部空間的鋪設材料采用玄武岩。内部，卧室和循環區域同樣采用了玄武岩石。

多數内墻采用了初級混凝土或上漆混凝土制成，天花板、門框和其他木工制品主要使用了上油的鋸制橡木，鋼部位細節設計；通過整體劃一的塗層規劃，改變了原來鄉村調色板的風格。廚房室鋪設了精制大理石地板，顯示了舒適的居住環境，鋪有白色磚的階梯房和玄武岩架提醒人們需要儲藏食物度過寒冷的冬季室内景色驚艶，頂窗照明以及統籌自然光的屋面次級系統都可用來提高整個房子的温度。但是卧室和床兩翼的折綫路徑不包在内，那裏只留下像針孔那樣的一小片光亮。

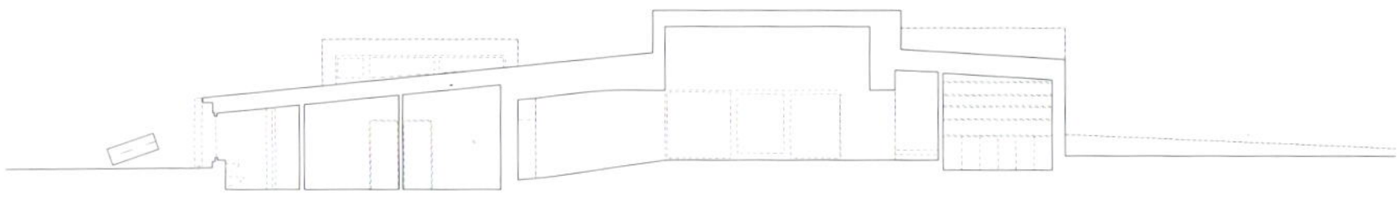

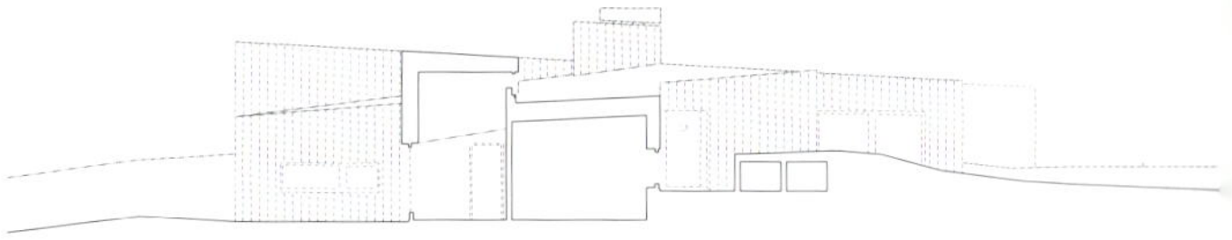

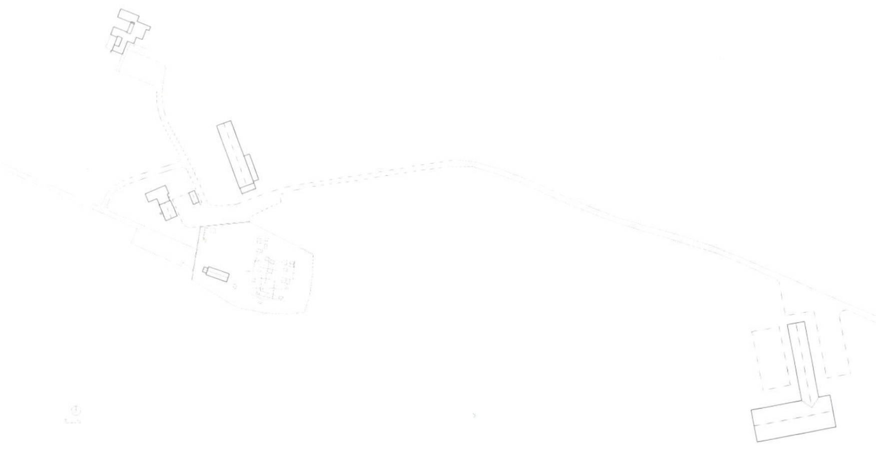

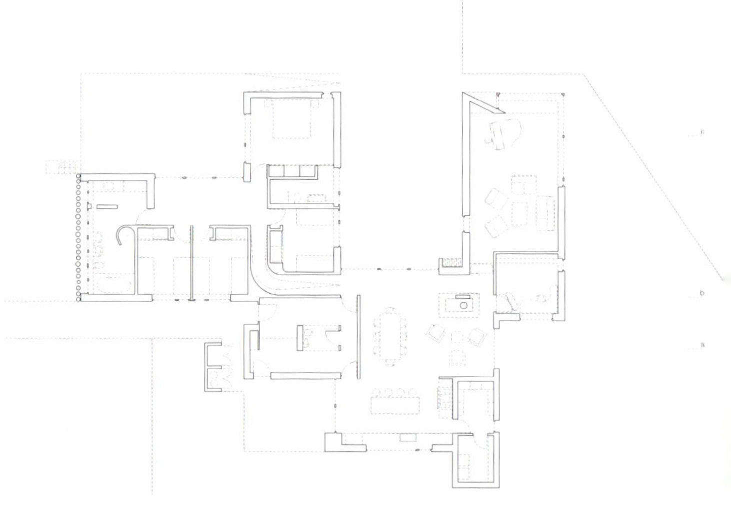

# 262 STUDIO ZOPPINI ASSOCIATI / HOK → Oval Torino

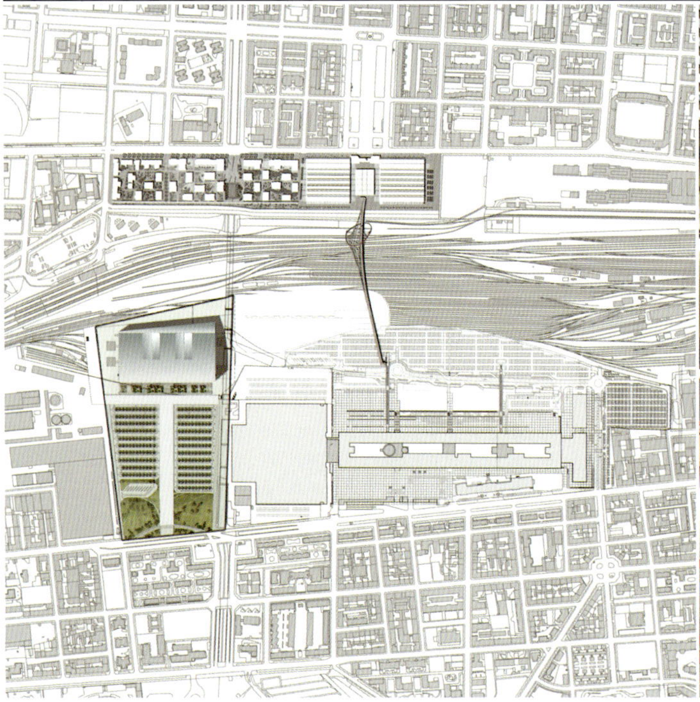

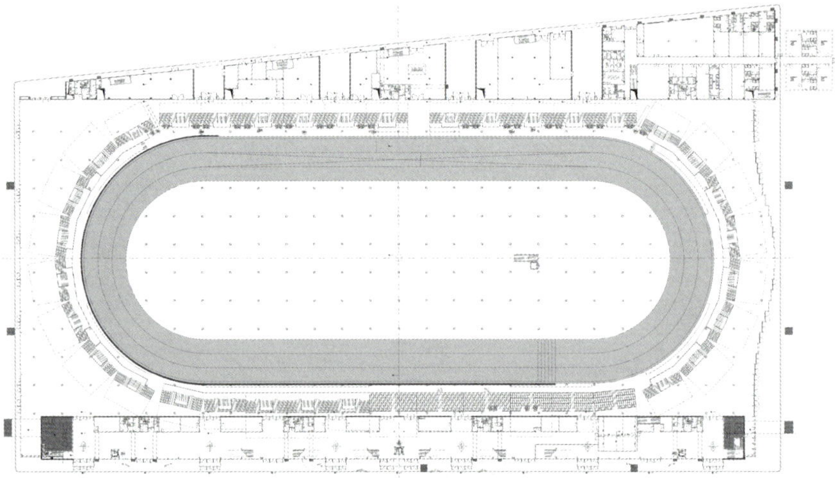

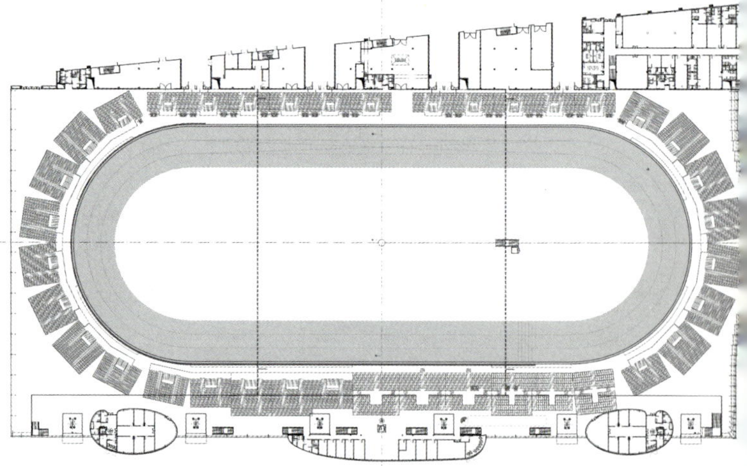

"橢圓形的設計源自三大設計要求的結合體：爲2006年都靈冬會比賽提供合適的設施；爲城市提供舉辦展會的場所；對原有所進行翻新"。基于上述想法，阿萊薩德洛佐佩尼確定了橢圓的設計理念。

戰略與標准

簡潔、清晰并具有多種功能是橢圓形體育場的設計理念。阿萊德洛佐佩尼補充道："我們希望重新詮釋臨近的林格托體育館築以及恢復其本來的面目。"因此，除了三個不規則的大吊外，這個建築物必須采用簡潔而規則的設計。在奧運會期間，三個大吊艙將供不同的使用者使用。奧運會之后將把這個建築分成三部分。

内部空間非常大：2萬平方米。"橢圓形體育場有着非常令人象深刻的特點：跨度爲100米。非常大。這是爲什么我們非常意其設計：6個95米長的橫梁和一系列二級橫梁給人以老式火站的感覺。"

因此，整個建築物是網狀結構，而内部的支撑結構也暴露在外從而能展現其技術特點。這是一個體現着過去與未來連接的建物。但同時也是一個具有國際水准的體育比賽場所。

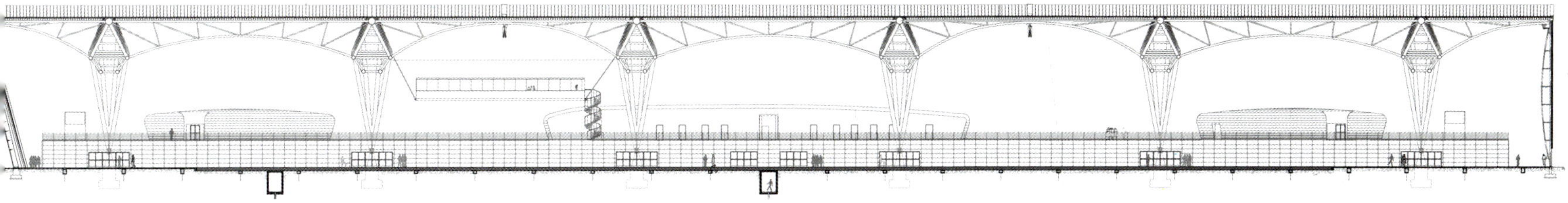

# 266 SUSANNE HOFMANN-DIE BAUPILOTEN

## → The Refurbishment of the Kindergarten "Taka-tuka-land"

Baupiloten 已經完成了他們的第三個工程。它已經是客户ASB Kinder 以及柏林 Jugendhilfe 有限公司的第2個工程了。在裝新的範圍内，Baupiloten以由兒童想象出的幼兒園臨時結構中創造了一個完全新的被感知的世界。結果形成了互動式的可以交流的内部空間以及一個參照阿斯特麗林德格故事的多功能的正面。由于運用了可循環的材料和可經濟更新使用的被毁壞的大樓物質，建築成本非常的低。概念設計開始于2005年，于2007年3月完工。

皮皮長筒襪，參照阿斯特麗林德格故事書的相同的名字，不僅將名字賦予了幼兒園而且將其變成了建築。Baupiloten以及兒童式的大腦激發兒童開始設計他們自己的。在拼貼和建築模型的幫助下，Baupiloten接着與員工和孩子們溝通了下雙方的意見。如此一來，終端用户對于他們新建的環境有了直接的參與。 對孩子們游戲和日常生活的監督是Baupiloten的進一步的靈感來源。

原來暫時搭建的幼兒園的結構已經被轉變爲一顆常青的橡樹，檸檬水在那裏生長和流動。檸檬水流動有七個間隔，在間隔處兒童可以欣賞。由于窗户上裝上的水晶，正午的太陽透過大型的窗户，將房間變成一個閃閃發光的環境。其實，黄色是入口處或者帶有檸檬水畫廊的主色，在那裏孩子們可以將他們最新的成果展現給他們的父母。高點的建築是檸檬水島，在這裏的孩子們的身高比成人高。它的斜曲面邀請每個小孩來玩耍并且在黄色檸檬水溪流中暢游。在其中的一個房間中，檸檬水溪流噴流出界，水般涌入花園中。比喻皮皮的長統襪的老橡樹已經變成一個的門面。它已經成爲了一個由綠色橡樹木制成的斜爬式的框上面覆蓋着黄色的膜片，有大量的空間可以躲藏。整個的建這些組件通過一塊黄色的膜片隔開了，黄色的膜片用温暖的遮蔽了内部空間。

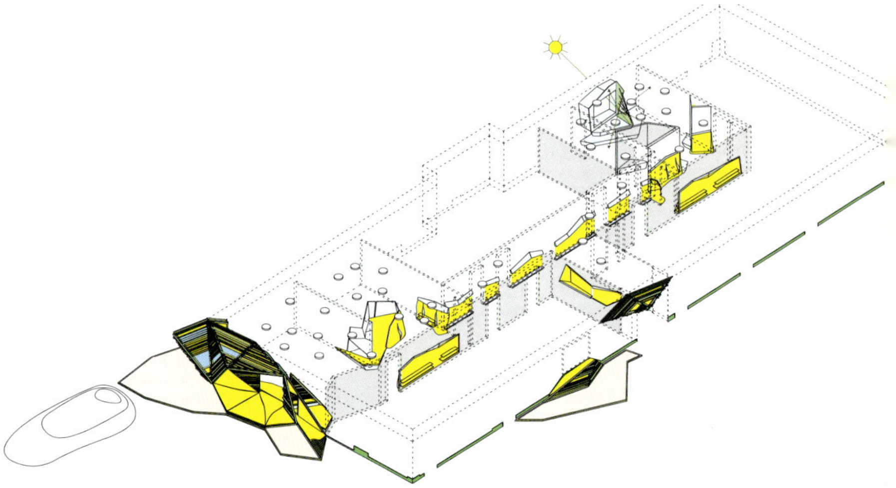

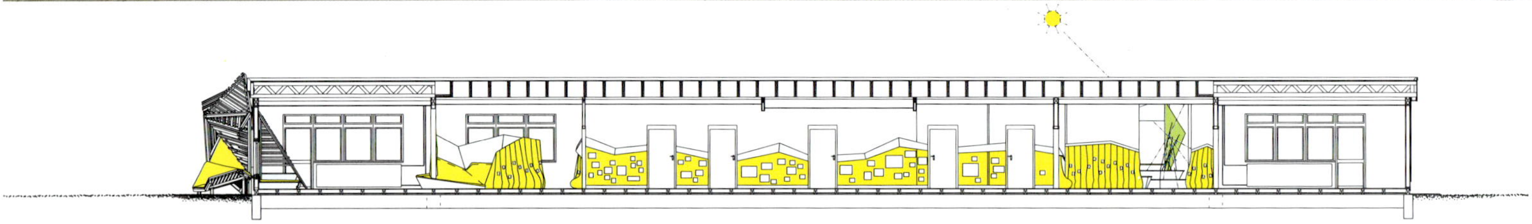

KINDERREISE

# 270 TIGHE ARCHITECTURE → Tigertail

這套占地297平方米的住宅建造在克萊斯特山上，臨近加利佛尼亞的布萊特伍德，是戰后開發的一套中世紀樸素的房屋。項目在已有建築基礎上進行翻新并增加第二層。新的建築給已有的住宅增添光彩，并且參考了昆西瓊斯和其他先驅者對這場鄰裏關系的變革提出的原始意圖建造而成。

該建築是當地各種内在條件共同作用的直接結果。按照當地現存條件和建築收進綫法規的規定，第二層樓設計成一個奇特的幾何外形。建築二層受到幾個限定因素的影響，包括觀賞景色的開放式空間和堅固的剪力墻，私密性等。

這套住宅地勢較低，不卑不亢屹立在街道，并且和附近各種規模的房子和諧共存。住宅開闢了安有玻璃墻的庭院做法。現有房子的一樓結構裏，架構了一長排的弧形鋼框架，新建築裏也采用這種結構。墻和屋頂的折叠面參考了山嶺地區的起伏地形。折叠面覆蓋了一層保護性的互鎖金屬板。結構内層則是木板層，遮蓋了墻壁、天花板和地板的分界綫。從這個建築項目可以望見城區外部、大海甚至遠處的蓋蒂中心。

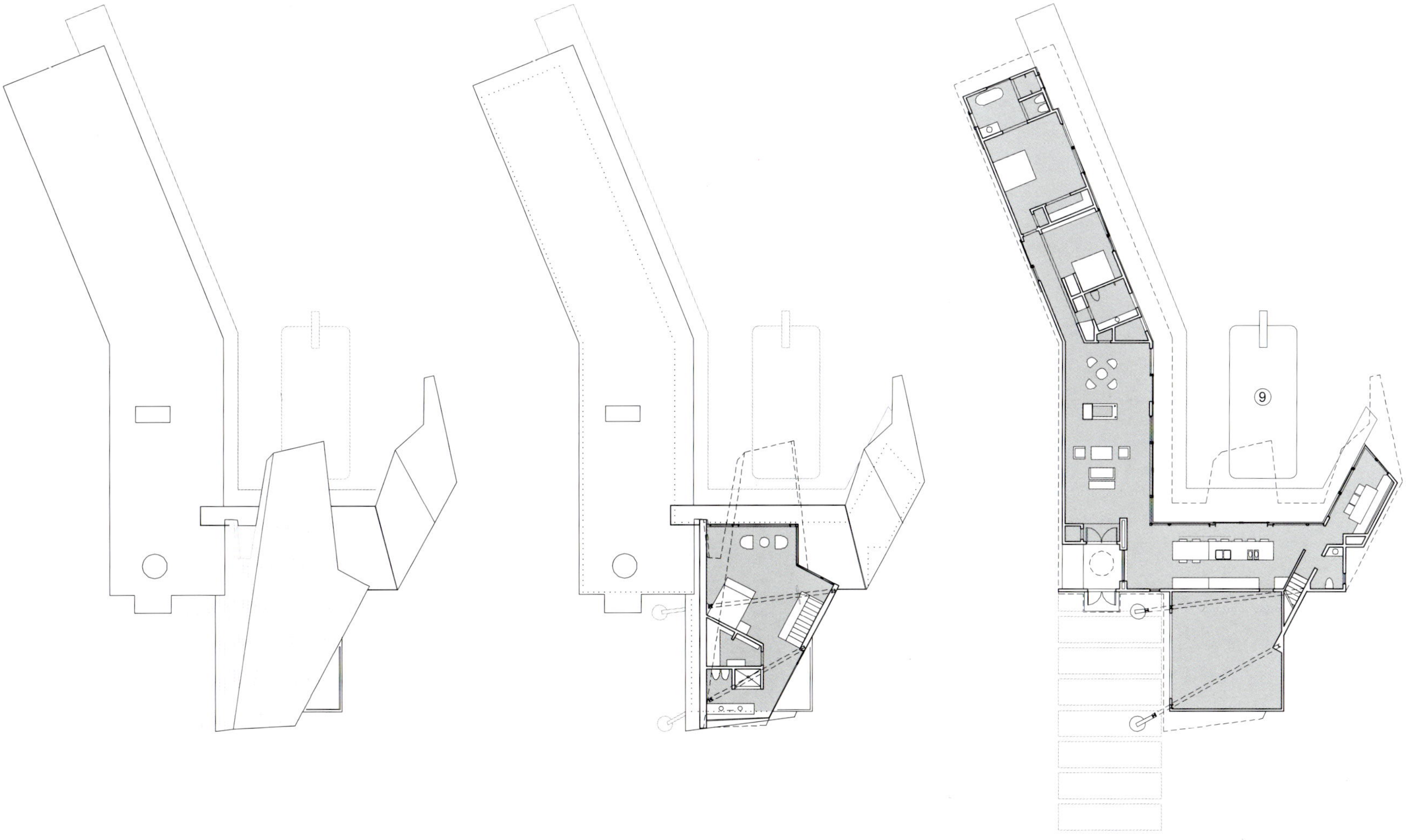
9

# 274 TONKIN ZULAIKHA GREER ARCHITECTS

➜ **Carriageworks Contemporary Performing Arts Centre, Sydney, Australia**

carr iage wor ks
carriageworks

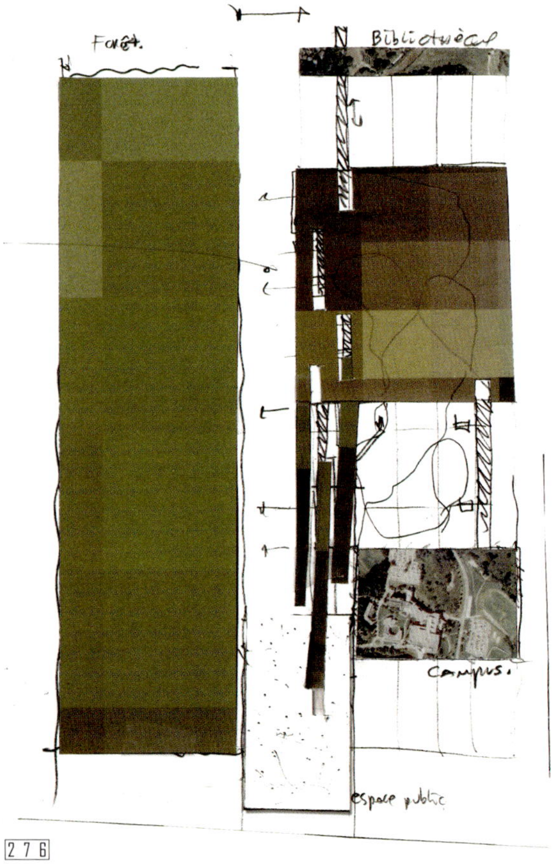


1 Cafe
2 Large Performance Space/Bay 17
3 Bar
4 Performance Platform/Performance Entry Structure
5 Small Performance Space/Bay 19
6 Box Office
7 Offices
8 Medium Performance Space/Bay 20
9 Carpark

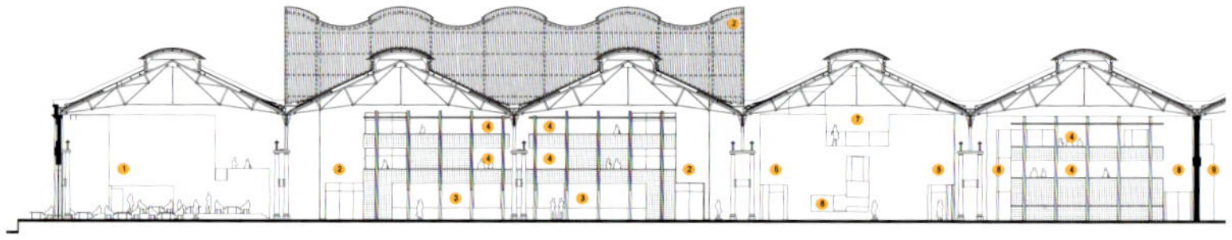

CROSS SECTION TRACK 14

LONG SECTION BAY 17

1 Entry Ramp
2 Viewing Platform
3 Entry Signage Structure
4 Pedestrian Zone
5 Main Entrance
6 Foyer
7 Cafe
8 Bar
9 Performance Platform/Performance Entry Structure
10 Circulation
11 Store
12 Biobox
13 Large Performance Space/Bay 17
14 Backstage
15 Backstage Preparation
16 Heritage Mezzanine

BAY 17
5
3
BAY 17
1

BAY 17
BAY 19

Carriageworks 是當代藝術在悉尼的一個新家。通過藝術NSW，NSW州政府，以前在Eveleigh的1888年的Carriage 工作室大樓已經改變成了一個致力于概念，發展和展示廣泛的表演系列的一新的創新中心。Tokin Zulaikha Greer適應性的重新的將大樓使用作Carriageworks 當代藝術中心，在包含了過去的大樓的歷史的同時，也提供了一個醒目的新將來。

三個完全提供的，可變通的劇院空間——小，中以及大——排練室、行政辦公室、工作空間以及娛樂設施分別位于分散的混凝土房子裏。這些都是利用清晰的遺傳的結構，保留它的粉刷歷史和使用歷史，保留它的工業人工制品。新的形式没有一排排的原來的鑄鐵的柱子，在可以看到大樓的間隙空間内形成了循環的綫路。休息室跨過整個大樓的寬度。構成劇院的綫型的入口就像曾經穿過空間的馬車幽靈。房子的前面被玻璃門從房子活動后面分成開了，房子位于鐵路道路附近。

第17灣，最大的表演空間，一直是被設計爲實驗和物理劇院。需要移開原來的熟鐵邊框屋頂的一部分以達到一個縮短的高度新的舉高的屋頂與原來的屋頂節奏共鳴着，就像是一個發光的塔。原來的構架一直被重新用作一個雕塑的入口結構，位于士街道，預示着新的用處。

攝影師：Michael Nicholson (MN), Prudence Upton (PU)

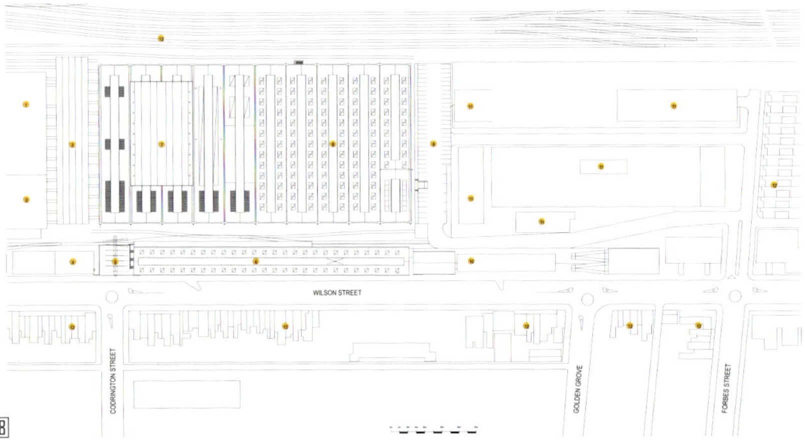


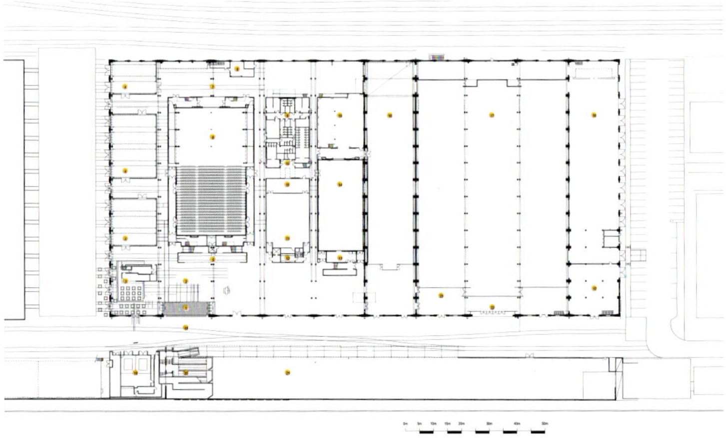

廣泛的社區咨詢和工作正在分階段地進行着，以將一個被遺弃的發電站轉化爲利物浦城市委員會的一個多功能的文化中心。最初的兩個階段，包括長廊，工作室，辦公室，排練室，劇院殼體還有一系列的委托制作的公共藝術品。開始于1994年10月開始，在一個非常緊的預算之内完成。第三個階段接着于1998年開始。重要的第四階段已經于2008年完成了。

Casula發電站在喬治河上遺留下的廢弃的發電站内，將一個大的區域長廊與藝術生産和表演場地結合起來了。保留了大厦遺留的結構，將新的設施安裝在它現存的大規模的空間中。最主要的部分渦輪大廳是一個爲大規模活動和展覽而設的多功能場地，也提供了一個帶有750個座位的表演場地。

第四個階段包括一個配有全套設施的區域畫廊，藝術品商品，工作坊，書店，辦公場所以及可容納350人的劇院。發電站爲這個地區很多專業的和社區的團體提供服務，同時也通過專業的公司提供帶食宿的旅游産品，組織特别的會展和重要的一次性大事，憑着創新和卓越已經取得了國家級的榮譽。

攝影師：Brett Boardman, Bart Maiorana

AUSTRALIAN

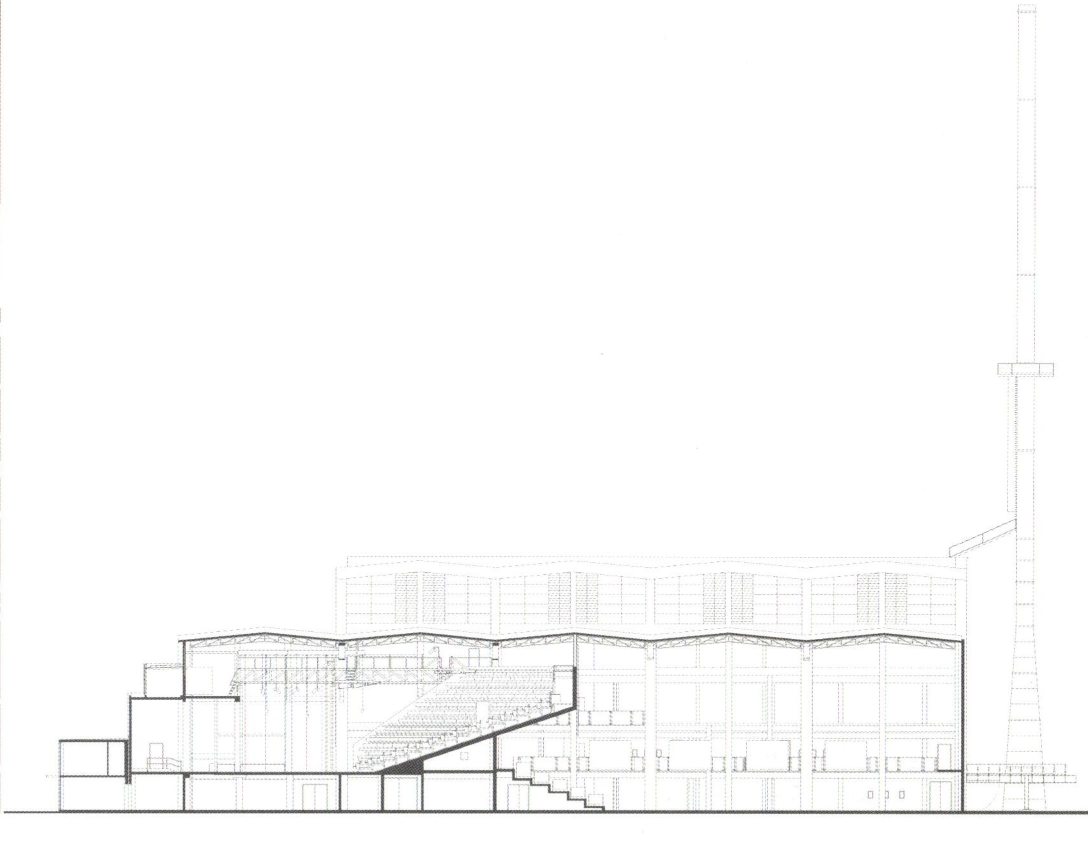

FLOUR MILL
STUDIOS

silo
newtown
LIVE LIFE IN THE ROUND
SELLING NOW
GRAND OPENING
8595 1888

新城鎮的卡拉格磨坊位于悉尼城内的西部邊緣地帶，從地標機構可以看出，這裏有曾經鐵路綫沿綫穀物磨坊受到大型城市磨坊的影響而幸存下來的遺迹。

這裏的砼筒倉和高大的木貯倉集群最初被人們用來儲藏穀物。本項目將這些結構改造成爲結合開放空間的住宅區。人們采用一種新式的平緩上升的結構在遺迹建築沿綫建立額外的公寓。新工程展露無遺，修復后三座建築呈現了整體的協調性和功能性。

本項目開發目的是保留已有建築群的工業特性，規模和藝術性。這三座大樓包括14個級别的59個房間。這裏赫赫有名的貯倉和料倉的現有底層地基采用了人們頗有印象的木料和混凝土結構，設計爲新建築的兩個主要門廳。貯倉頂部是一種新式三層由金屬包裹的“雲冠”，可以作爲屋頂小樓使用。

貯倉公寓發揮了圓形規劃的優勢，建造了一個不同凡響却又合情合理的房間造型，協調了南面景觀和背面太陽照射的軌迹。在整個開發過程中，最初未完成的墻表面得到了保留，象征着過去和現在的契合。

攝影師：Patrick Bingham-Hall

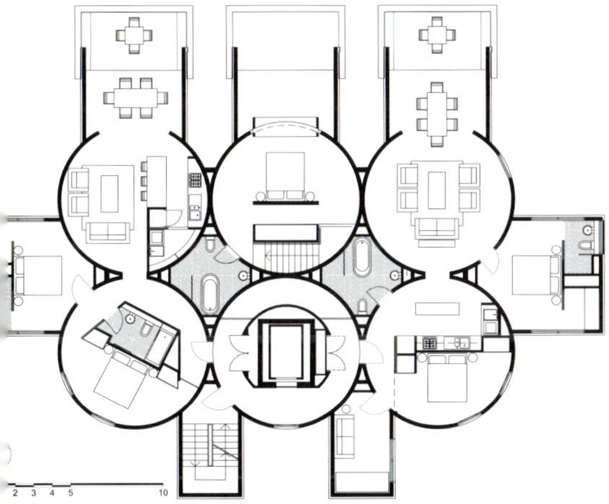

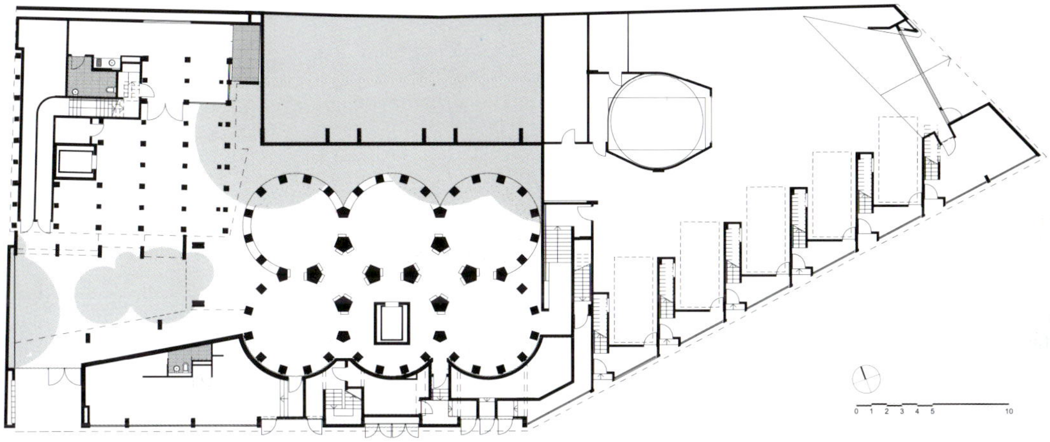

# ➔ Zulaikha Laurence Residence, Sydney, Australia

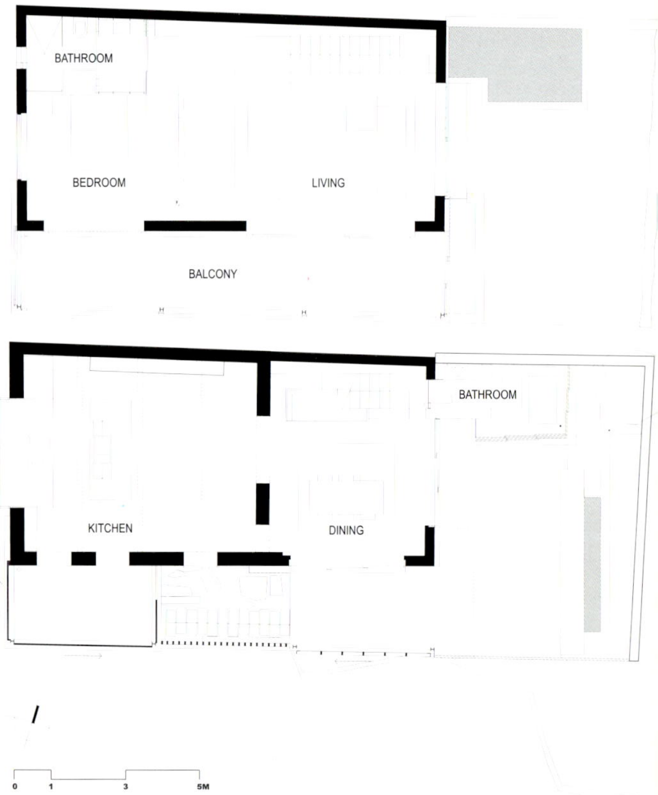

該處一百四十平方米的房子完全暴露，南邊面向悉尼港。面臨的挑戰是建造一處舒適的住宅，在任何天氣條件下宜于居住，這改變了尋常建築師的現有的住宅設計，不過獲悉在它建造之處的儲藏于1918年的火藥的品質依然卓越。

該住宅的設計是可與室外密切連通并在任何時候都有好的視野。根據連通性推動細節設計，盡量讓所有的門窗位于視綫之外。內部使用各種木材展現其結構，并在外部顯示其構架。內部和外部在强調連通性上是"平等"的。

攝影：Michael Nicholson, Patrick Bingham-Hall

# 292 UdA → Iltiluce

依爾提路斯/UdA工作室

約400平方米的附加層建于現有辦公大樓的平頂之上。承重結構是鋼、鋼筋混凝土和緩衝磚墻。外表面以通風外立面方式鑲板，爲固定在做准備。用陽極氧化鋁緊固件和鮮綠色半反光基礎鋁框的預制乳白聚甲基丙烯酸甲脂板Antelio玻璃鑲嵌。幕墻外部用LED系統照明。内部磚墻；磨光鋼化玻璃推拉門；橡膠浮動地板；模塊式鋁制天花板吊頂板。

地點：

該大樓位于都靈北部半郊區地帶，工業歷史可以追溯到19世紀。最后，興盛于20世紀60年代和70年代的原居民區、建築和最近幾年廢弃的辦公場所形成一副破爛殘缺的場景，其頂上的Superga山和Juvarra教堂如同一道壯麗的風景支配着一切。如今客户使用的建築包含部分從戰后開始建設的工業廠房，由工廠附屬建築和一座1961年建造的一層高的辦公樓組成，屋頂上有座附加建築。

目標：

該規劃的目標是爲在照明光學纖維和先進人造光技術領域居于龍頭地位的公司擴建其總部辦公室。企業形象識别以及由于工業活動的轉變而在破裂、稀疏的環境中引入一種新的建築體也是issues所明確追求的。

規劃：

附加層像一個獨立體矗立在已有的平頂之上，四邊與平臺匹配，俯瞰底下的兩條街；在内部庭院中，它依然是獨立的，在庭院的上方從屋頂邊緣突出。其形狀像個管道，兩端爲玻璃墻，分别俯瞰街道和庭院。與生命機體或外星病毒類似，這種新個體還反映了由于過往事件而不可避免地在這種環境下形成的典
獨立感。空洞的空間因此似乎引起一種對比，它們，是以可
强現實印象和理解的空間和距離存在的。因此，該大樓的建
思圖顯得十分景觀化，同時引發現實理念和對寬闊土地、人
穿越的空間産生的心理領域感。同時，取代和融合以前從未
出來的潜在品質，該大樓自然地成爲現有景致的附加部分，
面作爲一種新的景觀漸現，同時逐漸清晰化。該規劃的重點
通過使用“通風立面墻”而形成的新大樓外層緩衝，不同材
成表面質地和光的互動。這種皮膚般的覆蓋物變得越來越突
清晰、更清晰可見，同時轉變爲讓外表面變得着實堅固的承
構。這種裝置十分簡單：使用一種成熟技術（留通風口的幕
面），但不使用市場上常見的面板，用不同規格的模塊化乳

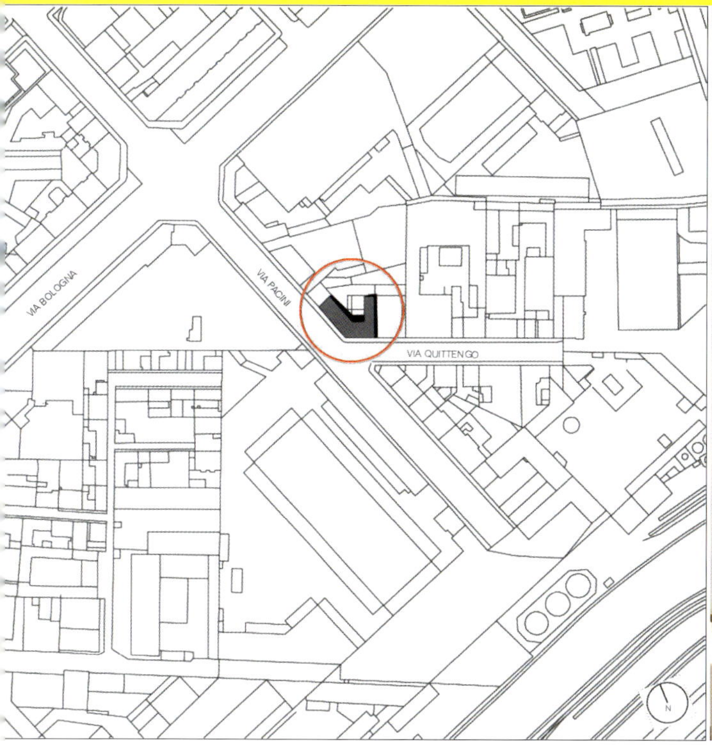

丙烯酸甲脂板固定在基礎鋁框上。效果是形成一個整個表面250片覆面組成的鑲嵌型工程，除了兩端的玻璃墻。這種骨入了新的技術功能：它可以作爲聚甲基丙烯酸甲脂板和絶緣空腔内的空氣的太陽射綫收集器，嵌入大樓内部；或者可以陽能電池，用于幕墻LED照明系統供電。目的首先是利用自和人造光之間的互動將技術本身轉化爲實物。因此該幕墻幾乎可以被看穿，光綫依據天空、其顔色和特質對幕墻進行調整。從聚甲基丙烯酸甲脂板后面快速一瞥，絶緣板似乎就在表面；它們賦予新大樓僞裝特質，讓它看似存在于下面的樓群和天空之間、存在于散亂的城市和群山背景之間。外表面還隨着太陽高度改變，固定絶緣板的鋁框條在白天和不同季節間形成變幻的陰影。在夜間，裝在覆層面板水平交接處的發光二極管亮起頻閃；以節拍創造活力光效應，仿佛覆蓋着整座大樓，傳遞一種理念——人類對當代現實的理解有多快。

攝影師：Luigi Gariglio

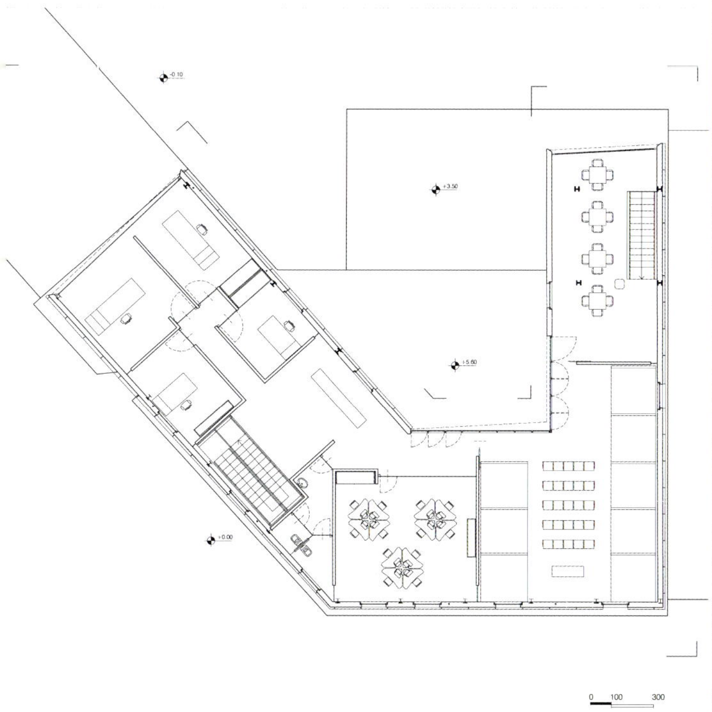

-0.10
+3.50
+5.60
+0.00
0
100
300

# ➔ Palazzo Gioberti, Via Gioberti 16 – Torino, Italy

技術規格：這項計劃是爲都靈中心的19世紀的3 000平方米建築做翻修，改變原頂部的樣子。

目標：將原辦公大樓改建爲住宅大樓，内部空間重新安排，根據新標准改變垂直綫的模式。另外，建築頂部的兩層樓和20世紀50年代前的建築全部重新建。

計劃：UDA設計的方案是贏得一項民間的比賽，某投資商要求此項比賽參與者按照現代城市生活的方式以一種更好、功能更多的模式來設計。該翻修大樓十幾年來一直用作都靈勞工部的總部，但該大樓保留了許多建築價值和傳統功能的潛在價值。的確，該方案的建築師已注意到這些特別方面。這樣要求以最佳的方案安排房間，和更好、更有效地使所有的房間夾層有内部高度，同時，臺階和屋頂給這個城市和遠處的山帶來新的匹配功能。

該公寓的主題是給這棟大樓各種元素的新概念，同時也予以
空間安排。

讓這些房間和建築賦予新的角色。許多年來這裏被視爲官方
置，迎接嘉賓，因此充滿了權貴，象征社會尊貴的地位。從
紀70年代后，這裏變成市民常常匆匆邂逅的無名通道。内
構，門廊，庭院和臺階的重新安排形成一個非常清晰、和諧

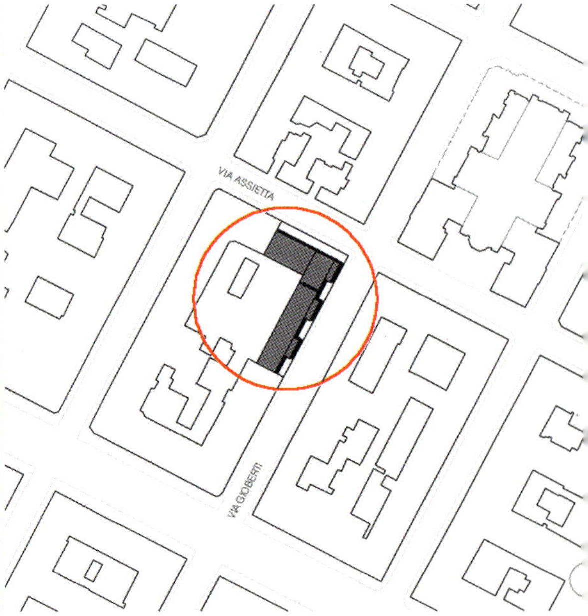

式。這是由于采用了黑色的加工的木材，印加人的大理石，不銹鋼和加上嚴格和精確的題材，才使得其成爲全新面貌和19世紀建築模式。這種全新的外表，從其本身來講，就顯而易見，因爲在其改建過程中包含了20世紀50年代的兩層結構的房型，因此構建了一種和城市環境相匹配的建築。

這些年來所發生的變化和隨后的建築多層次模式在建築方案的設定和開發中所產生的定義起了重要的作用。的確，建築的外表顯示19世紀戰后的模式，受一些歷史背景因素有關規定的影響。盡管如此，歷史檔案表明20世紀50年代的建築大部分受到歷史的局限和模仿。外表看上去都是一個模式。更多的復式樓的建築實際上不斷的增加，結果是一時成爲水晶般的風行模式，后來成爲郊區五層樓公寓別墅。其后的發展没有代替原有模式，而是有時全部融合其中。所以，多年來，僅全面翻修的建築工程有可能采用全新的工藝。剛剛描述的内容已經進一步證實了所提及的方案決策。因此，最近在更多的復式樓裏可以見到UDA方案。

一方面，有内層空間功能性的新發展和技術層面的發展，就像我們常常遇到的城市住宅，更多强調與衆不同的特點；另一方面，外表也在發生變化，如門窗的設計采用新穎材料，通往住宅門廊和大門采用黑色的加工過的木料。最終，屋頂空間的改變更説明了隨着時間的向前建築的選擇會出現多層次化。

盡管感覺多樣化，所有迹象表明，雖然没有人放弃自己的個性，但他們仍然暗示着與19世紀的外形有割不斷的交流。

攝影師：Alberto Ferrero

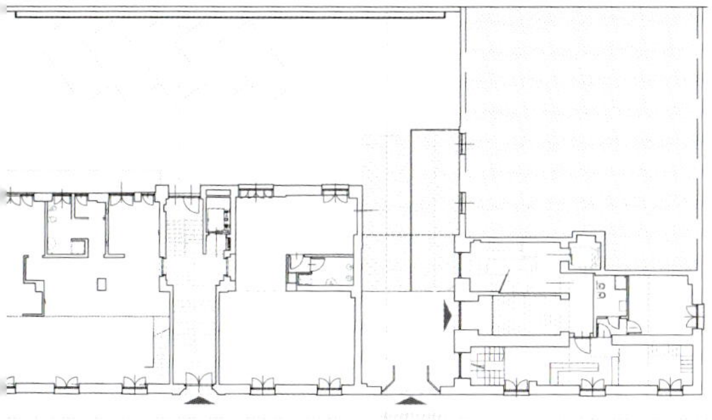

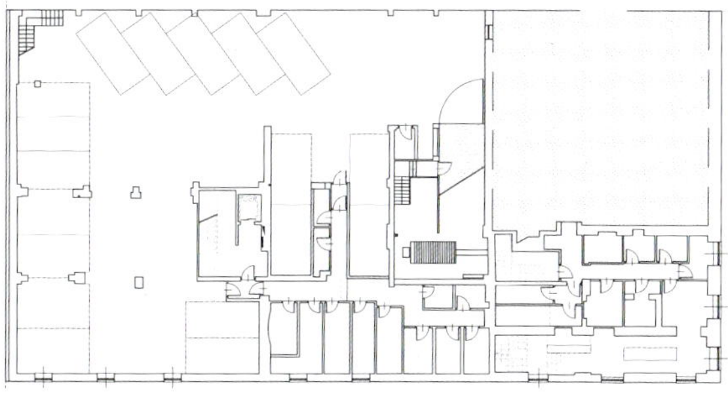

# ➜ Villa Unifamiliare

技術説明書：獨棟建築位于距都靈北部30公裏的小鎮中的建築群中；周圍區域近期已經擴充。該地區的郊外是各種樣式混雜的傳統低密度房屋。

該房屋在地面及其車庫以上有兩層，整個占地大約300平方米；結構采用帶有梁柱和擴展式基脚地基的鋼筋混凝土；突出部分的地板由圍墻中隱藏的中心杆來支撑；平坦的屋頂作爲露臺使用。而地表層的表面采用塗料和水泥，同時第一層地板交互采用光滑和不透明的灰泥帶。

設計圖："干涉模式"：内部建築物的外部加工過程。客户要求有一個當代的設計圖，按照他所要求的"現代"房屋要結合家居生活的寧静和隱私，并具有透明度。聲音的滲透性和嚴格管理。

該住宅的所有部分都屬于一個大家庭，這些都是實際擴展圖的部分。這裏是遠古時期具有現代性的雄心、神話、希望的聚集處，這些在許多年前的某個時期，在大洋的另一端就已經誕生并流傳下來，終結于意大利鄉村的海濱。

該景色形成一個同形的形體排列，但有些地方還是被隱藏到主體的深處。在大多數建築行業中郊區盛行帶露臺和半銜接的地

房屋簡直就是一個懸挂的人們頭頂上的一塊場地和空間。

中，隱私的地方藏起來適時作以保護；外面，只能看見新建

景。

第一層樓和花園，現在比大街的平面要大約低一米左右，并

兩米高的連續圍墻同大街分離開。只有第二層樓在圍墻外部

看到。但是，第一層樓包括卧室/厨房，幾乎都具有光滑表

并有通向花園的過道，遠達院子，并且房屋和圍墻都和大

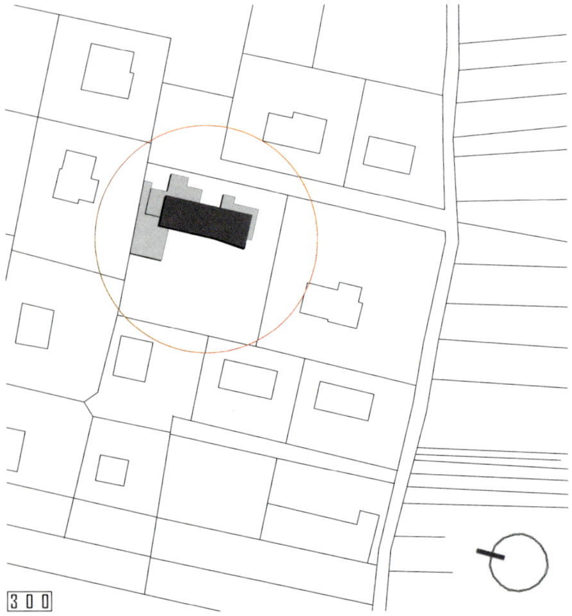

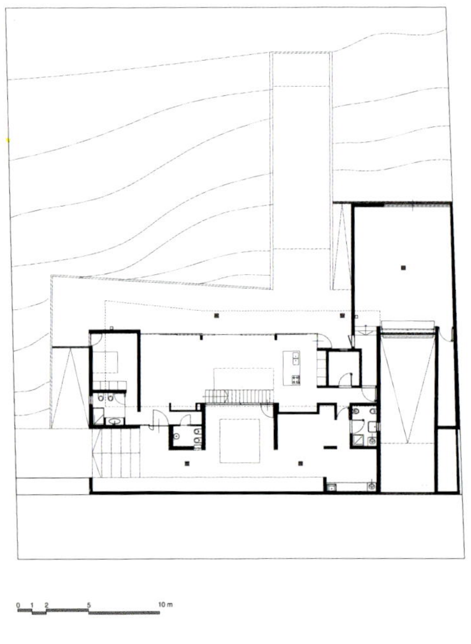

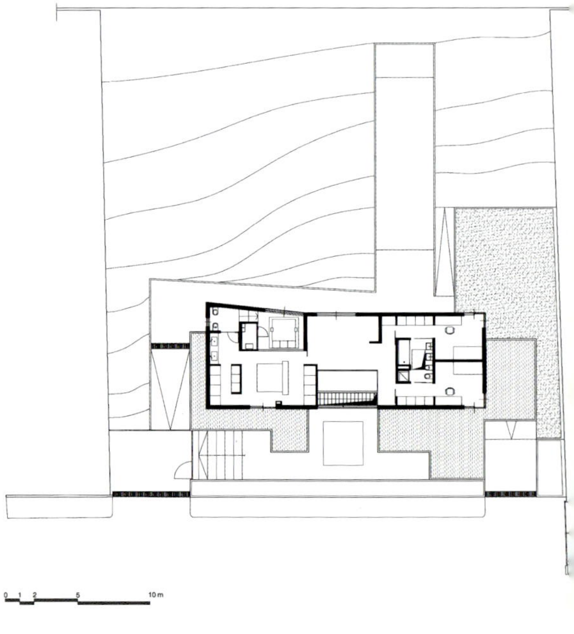

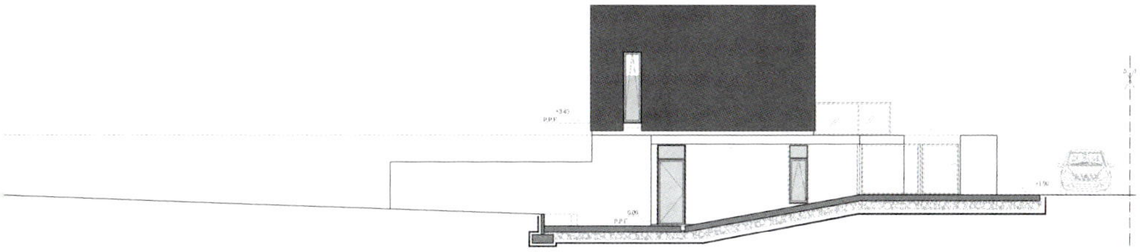
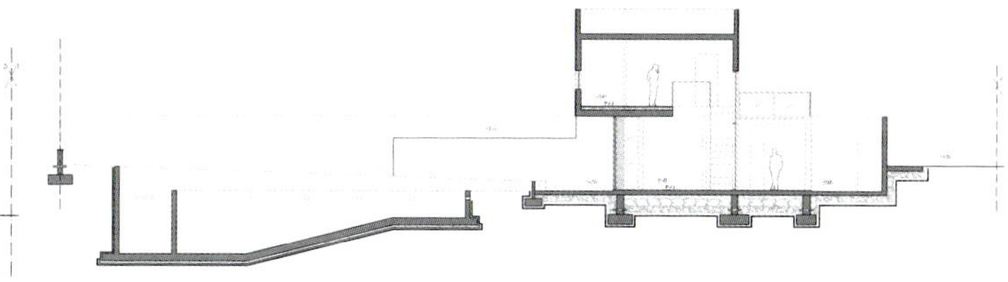

行。這樣，生活區就延伸到了整個外部區域，包括其花園和院子。獨立的房間或狹窄的獨立空間實際沒有隱私區，因爲要考慮到院子的廣闊空間。該空間和所有其它的景色共存，周圍平坦的草地和田野占了大部分空間，草原按照常規鄰接旁邊的住宅房屋。地平綫上漂浮着一個黑色平行管道，帶有天空的微弱的反射照在墻壁上。同現實具有令人迷惑的，神秘的衝突，這裏的視覺效果和所見都純粹是現實存在的物體的誇大或展示。

攝影師：Alessandro Cane

# 304 VASLAB → Transverse/Convergence House

附圖是由VaSLab建築室設計的名爲橫斷/融合住宅的快照，是一棟現澆混凝土、兼顧居住和工作的二層住宅——工作室建築，面積550平方米，位于素坤逸區。這是個每天都上演着俗世的盛衰沉浮的地方。這座小樓在某種程度上隱含着喚回人們對于拯救和贖罪的重新覺醒。

這些通道時而疏散時而合斂，將整個空間的序列分隔爲居住——工作、休閑——聚會、聚會——走廊等相互衝突而又密切聯系的空間類型。設計師瓦蘇的電子郵件透露出來的簡短訊息促使我們急于去參觀該住宅，同時也讓人想起某些建築設計師使用的讓我們完全無法理解的抽象表述。我們希望看到住宅的實用功能。

在這座橫斷/融合建築內，建築師并没有象征性地用術語瞬間宣告自己富有經驗的構造外形設計，而是通過通道結構來實現最終混凝土建築的構建。這種通道和外形的復雜構架來源于從文學中得來的靈感，因爲文學的句型某種程度上與建築的結構思考有着相似之處。

瓦蘇的思考和設計過程首先從但丁的著作《神曲》開始，這是一篇將讀者的想像力帶入死亡國度的三個世界（地獄、煉獄和天堂）的文學巨著。這是個凌亂的世界，有着太多讓人迷失方向的地方，因而許多嚴格自律的人從各個角度分析和解讀《神曲》。

耶魯大學羅馬語系前教授托馬斯G·博金在1955年曾經將《神曲》翻譯爲英文版本。他對《神曲》做過分解性分析，并證明説但丁告訴我們關于數字"3"的命理性規則，就像書中分别用三大篇章講述人死后的三個世界（地獄、煉獄和天堂）。其中每個篇章各有33個小章節，生動地向人們描繪了三個世界的景象。這三個世界在平行的三條軌迹上同時運行着。

然而，1996年托馬斯L舒馬赫在《但丁紀念堂：文學建築研究》中批評到，文學與建築之間居然通過1938年貝尼托·墨索裏尼的法西斯政府委任居賽皮·特拉尼小組設計的"最偉大的意大利詩人之廟"而得以滲透聯系。這項研究不僅極端强調這兩個學科之間的關系，而且還强調其社會、經濟和政治背景。

人們對但丁通道(paths)的結構熱衷、探索和發現，在大量書籍、文件和略圖中使其得以再現。但是，爲了設計這所住宅的新通道，瓦蘇在該結構中結合了聖經的內容。瓦蘇總是使用在聖經詩章來理解積極和消極的東西，這也被整合到暴露、變换和寧静的通道中。

從遠處看來，此混凝土箱式結構的形狀和規模都是和周圍的傳統住宅的意蘊不相容且差异深遠。當然了，思想的復雜程度影響規劃的方方面面。內部空間的安排比立體面更讓人覺得困惑，而且建築師嘗試着把草坪上的通道設計爲與街道另一邊的胡同具有一種無形的聯系，這同樣也讓人困惑不已。雖然這并不具有任何功能，但是如此一來景觀的能見度就會非常好。

瓦蘇的合作伙伴布勒特蒂匀負責使兩棟建築具有真實感的施工材料細節。他處理一些需要高工藝質量的工業材料，例如混凝土結構、金屬和一些玻璃板之類。起初，由于陽光通過混凝土草坪被反射，這所房子的溫度可能比其他地方高，但是此后由于Su Umpansiriratana設計的樹木、池塘及景觀，房子會冷却下來。

在一樓，"暴露"可以輕易實現，透過樓面至天花板的透明玻璃墻面，我們能够清晰地看到大廳、餐廳和客廳。二樓的大窗户爲工作和閑逛中的建築師展示的時尚秀。暴露的另外一個結果是外部和內部被完全聯系起來了。

根據文學－建築通道的設計理念，"變换"是對這所房子最好比喻。各種功能區之間的通道被轉化爲空間的一系列相互作用流動。由于開放性的規劃，當通道穿越客廳和雕刻浮動混凝土樓梯之間時，連接到其他房間的入口大廳暴露出一種模糊性。變不僅反映在空間布局上，而且反映在材料使用的變化上，例如天花板上鋪的木地板的特征，以及允許我們觸摸到表面的樓面至天花板最低高度。

透過玻璃墻觀察飯廳，我們可以看到裝飾着一個時尚深色着色燈的雙層高度空間。緊鄰着的是娛樂室，當門打開時，將會有個窗格自動成爲主卧室樓梯的安全門。

二樓有一個主大廳和一個行政辦公臺。拉長的動態形狀的木制框架，通過一條混凝土斜坡將我們引向東側的工作室。西側設有和會議室，從外部我們可以將其看作是浮在空中的一組箱子結構。

最后，建築師宣稱，特大號的主卧室是完全"寧静"的，當然只是就在便于接近和位置而言。但是，我們也可以在卧室周圍

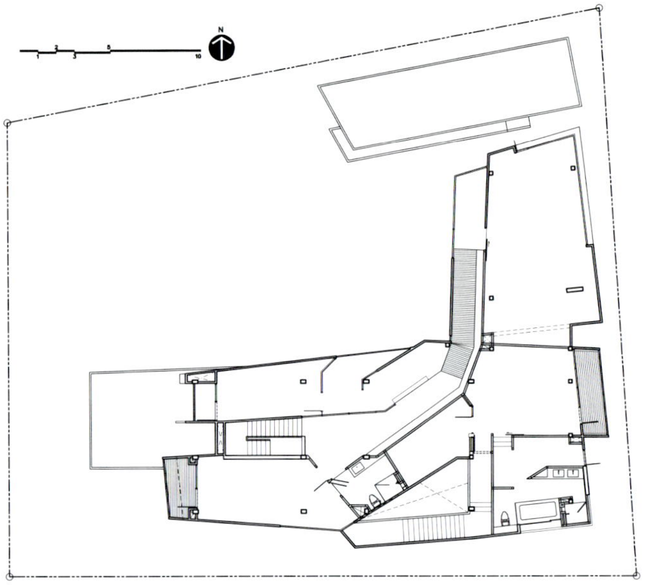
N
1 2 3 5 10

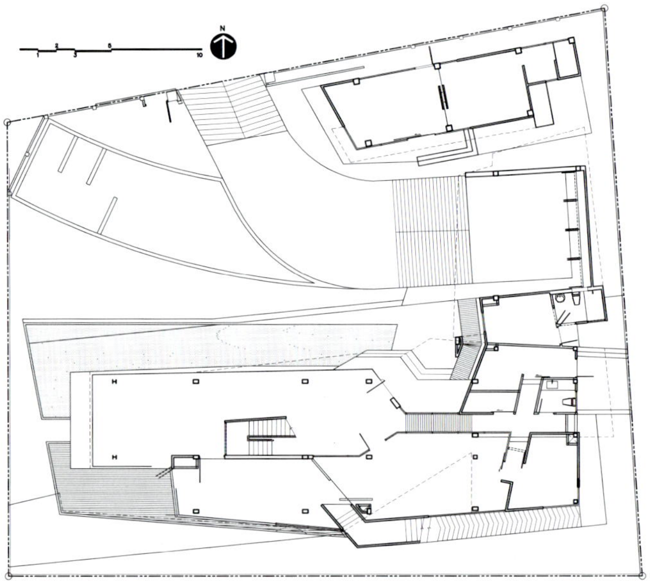
N
1 2 3 5 10

寧静，比如上午時分的圍墻圈起來的花園、木制天井，樓梯
墨，甚至是在厨房裏面。特别是在停車場旁邊的東側最邊上
孤立單層建築，最初是准備作爲親戚們的大療養室，而現在
成爲家庭紀念館。
一個建築師不得不爲自己設計住宅時，建築師住宅的建造設
面臨着巨大的壓力。與向客户提供服務相比，他們可能會花
更多的時間來創作。人的大腦不是那么容易就轉换到爲自己
務上來的。

𫝀：Pirak Anurakyawachon
影師：Spaceshift Studio

# 308 VAZIO S/A → Tolerance Museum

一個巨大的重掩體：這是我們寬容博物館競爭的入口處。大樓將會進行在聖保羅大學的人類學院中的研究。它是一個連接固定展覽房間的斜路（黑人，印度事情，大屠殺，反半等等），極力反映將要展示的展品的內容。

# 310 WALTER VALLINI ARCHITETTO → Lo Zoccolaio

Photography: Francesco Arese Visco

區的農莊和餐館。

被正式命名，作爲餐館，重新定義在整體改善主體的範疇內，它包括更新舊事物和改變相對的
。

門面附有現存橙色石造壁，和高貴的山墻飾有着不間斷構架的樓上和樓下的樓梯，這把大厦變
個地標性建築，也强調了項目的概念，它采用了原始的建築學手法并没有去除它的類型特征，
增强了它與景觀背景的聯系。

可以通過對角樓梯直接到一樓的餐館的主廳。

，整體的空間被分割成長長的鑲嵌着大型的垂直燈飾的凹面與凸面形狀提供視覺對比，成就了
感覺的空間。

相似的部位由一系列的小舷窗開在端墻，能看到周圍的山坡，在天花板的羊皮紙圓筒燈概念上
現着他們的形式。曲綫的用途體現在一個出口，裝飾也被安置在室内中心，服務作爲壁架。

帷幕構築俯視游廊，异型鋼的上釉后被固定，同serigraphed設計的在冬天可升高的和葉狀體玻璃
成爲一個整體。

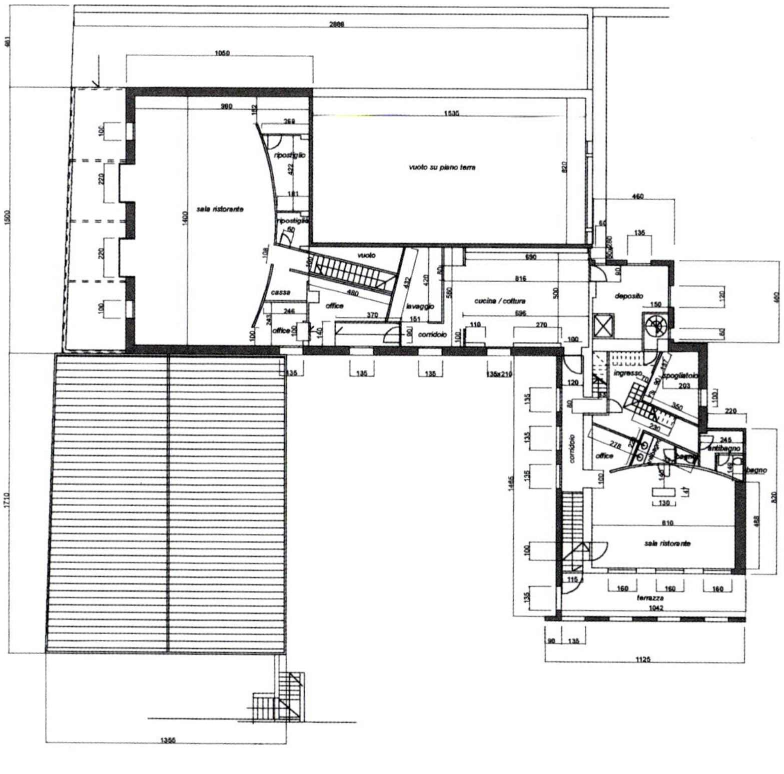

Azabu Juban Project ← WARO KISHI+K.ASSOCIATES / ARCHITECTS 313

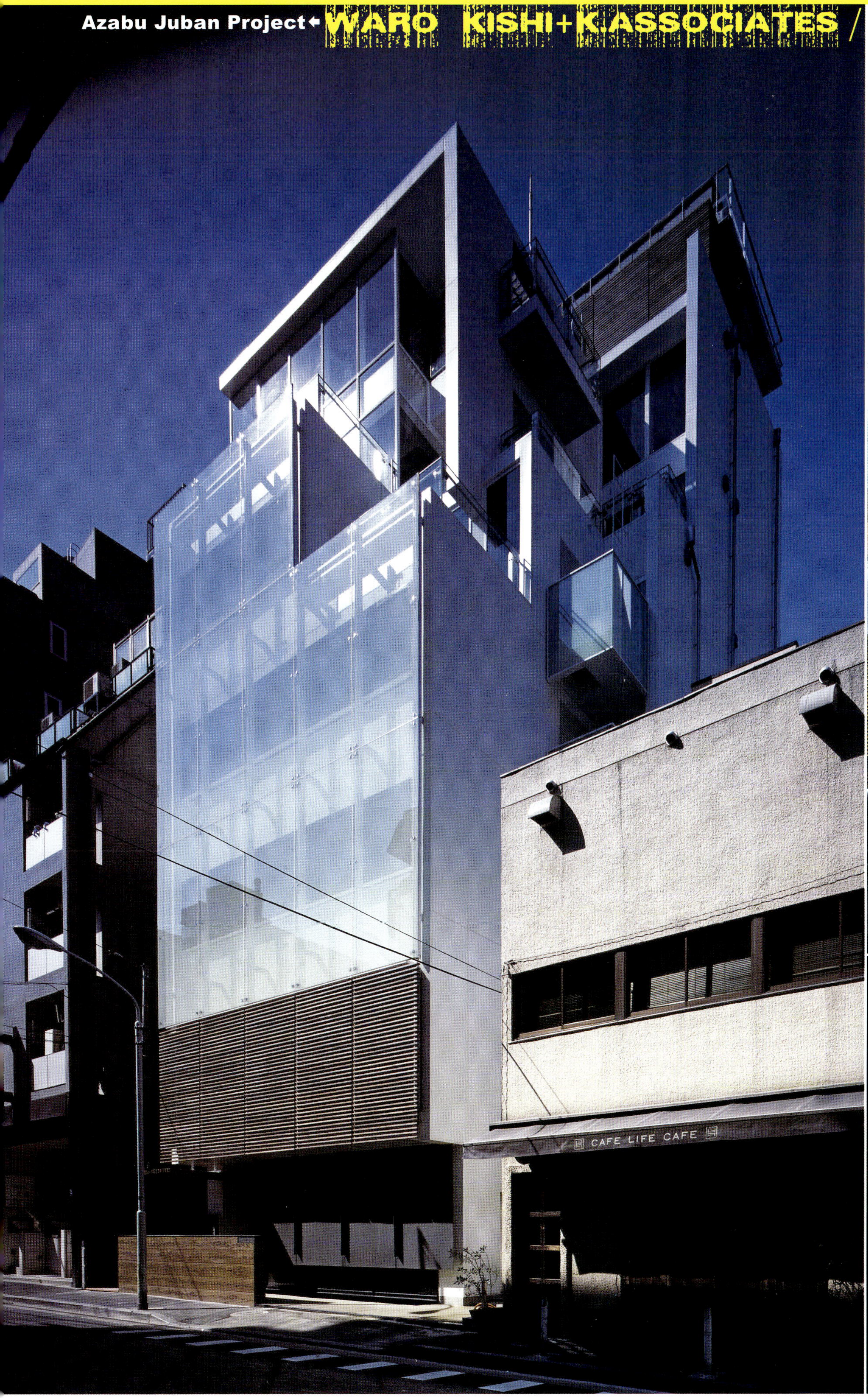


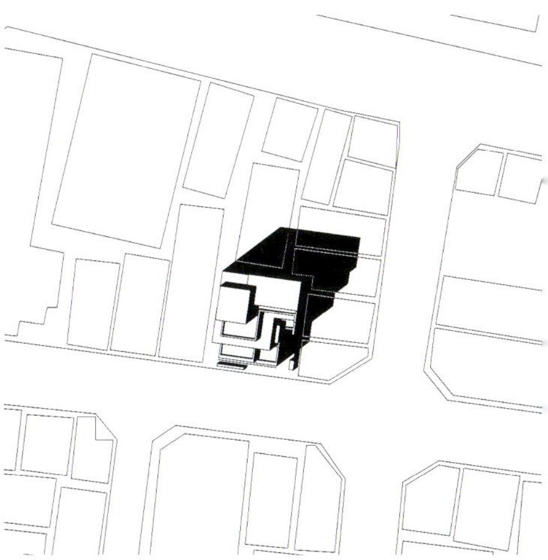

這個八層高的建築，在地下具有額外的樓層；它位于喧鬧的東京Azabu Juban區。設計有房間膳食設施，餐館提供日式和其它烹飪設施，以及水療設施。受當代日本建築概念的影響，客户要求也在建築中體現這一概念。

關于建築墻面，一樓是以暗色鋼板裝潢，二樓是以木質天窗裝潢，三樓到五樓是以帶狀窗裝潢，玻璃爲青銅色，點狀裝飾圖案。雖然后退設計，五樓到八樓設計獨特，具有透明的前臺，每層樓均有陽臺。

作爲整體，墻面看上去呈半透明，給人深邃的印象。事實上，我們還想要修建一個透明程度逐層增加的結構。在這一概念下，我們相信所有八層建築的整體墻面均表現了一種〝人文尺度〞。

建築的地上部分有三條道路可以前往（左、右、中）。爲每一路徑創造一個不同的氛圍，氛圍又長又窄；這樣的設計將日式建築〝深度空間〞的概念融入到當代建築中。這個項目，以及人文尺寸、半透明墻面和各方路徑，聯合起來重現了當代空間下日本傳統空間的風格。

攝影師：Hiroshi Ueda

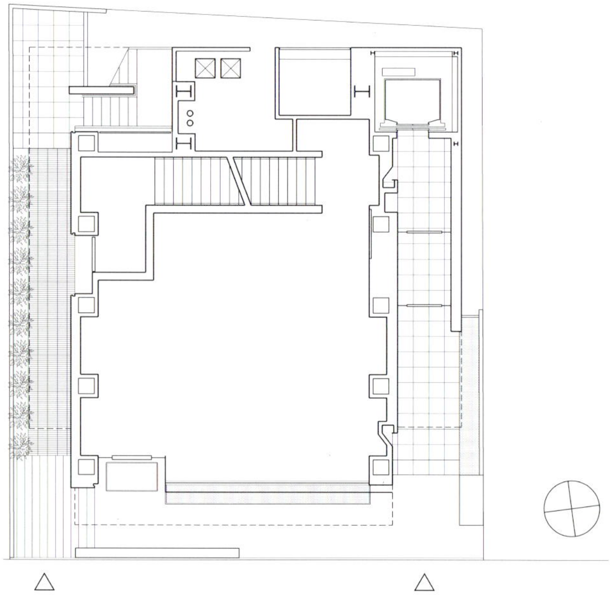

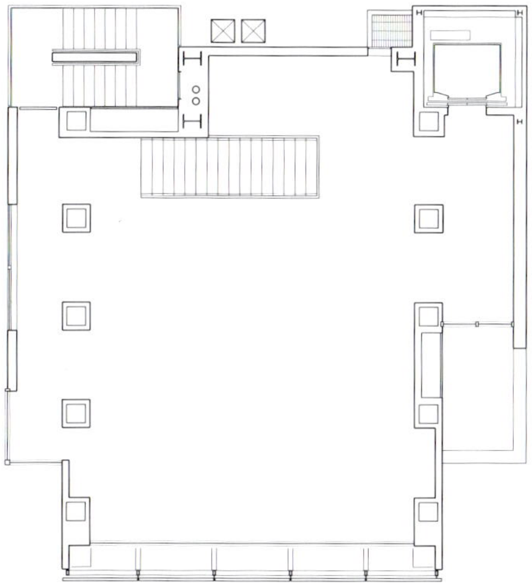

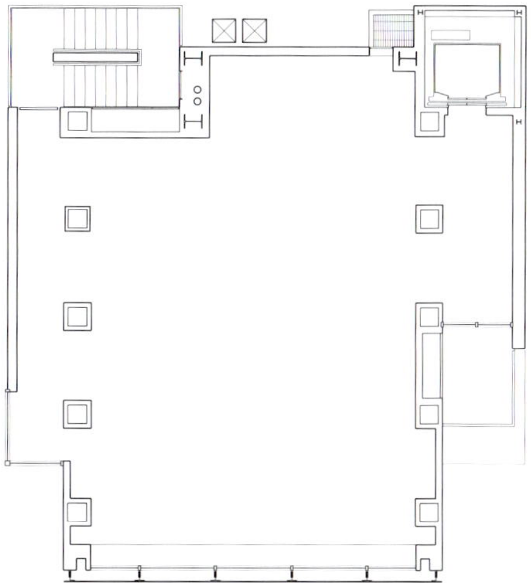

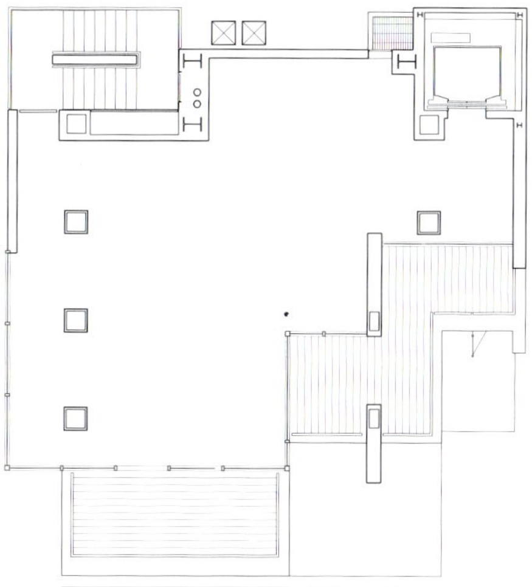

# Kiyosumi Housing

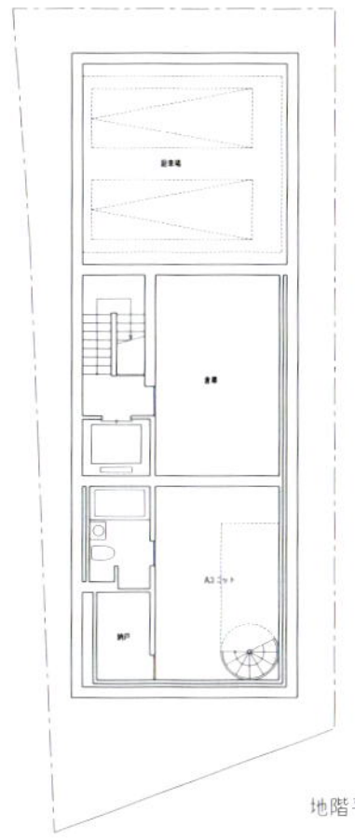

地階平面図

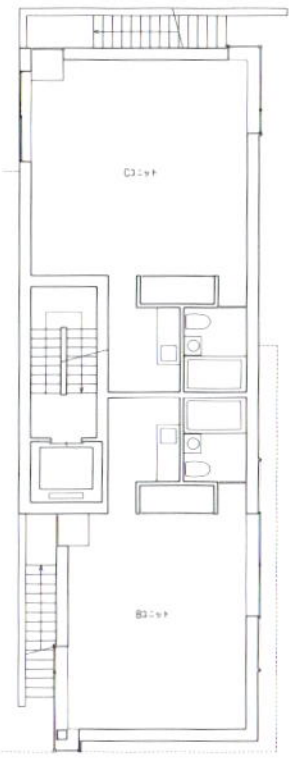

2階平面図

3階平面図

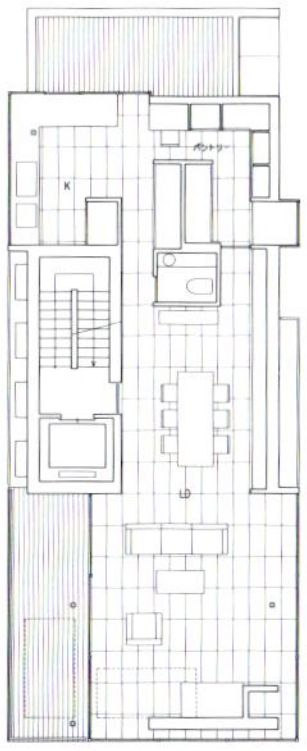

4階平面図

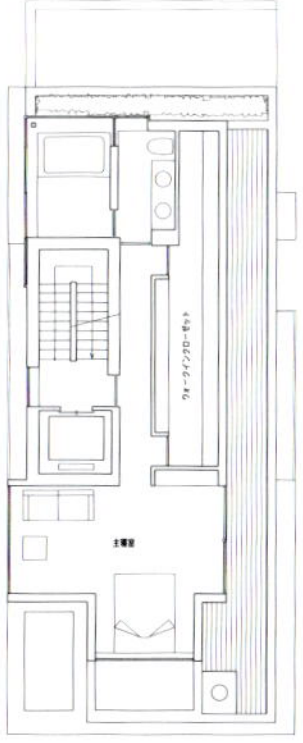

5階平面図

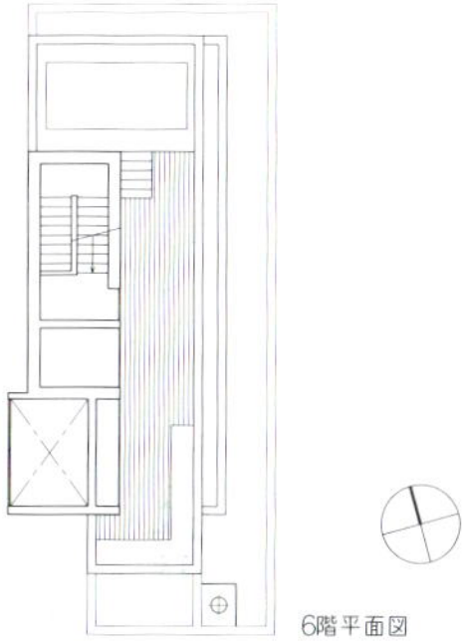

6階平面図

當前建築

該建築項目坐落在兩個主要河流即隅田川和Onagigawa的交匯處。一面臨街，其余面鄰着周邊屋和一個沿着隅田川河的儲水艙，這樣它就具有一個空曠的廣場。這是一個特殊情況：房子位壁與道路之間，三面都是公共空間，因此建築設計需要特別考慮的是如何保護用户的隱私。該是一對夫婦，其成年子女獨立生活。房子的生活空間跨度從三樓到五樓閣樓，以及一個天臺，一個游泳池和一個花園。一樓和二樓的三個租間都有自己單獨的入口，可作辦公或居住用。A間，原設計可作畫廊，位于一樓，可輕易由街道進入。

開始設計后不久，我的焦點便停留在某些考慮上。關于功能和結構，我的設計策略是允許對程行修改，以反映家庭裝扮的變化。這樣，一個極端就是，可能徹底扭轉某些程序內容，比如居間也可以作爲一個辦公室。雖然這不是客户們願望一個直接的組成部分，但是對于任何形式築，具有程序隨着時間改變的功能也是很自然的．所以我決定突出這個項目的這一方面，讓其一個積極的組成部分。通過多次會議，我發現客户們希望，不論當前的趨勢如何，設計的這棟需要能維持很長一段時間．

在居所的設計過程中，我首先考慮的是高度和面積的最大法律限制，并從最大體積的角度着手着，在普遍形式的範圍内，我考慮了各樓層盡可能的功能，以及這些功能的限制因素。我設計部和外部之間的界面接合了各個空間，指明了房屋周圍的公共場所：在隅田川河外和街道。最我指定某些領域爲住宅區，并在布局中插入房屋出租單位。

圍繞中心流通的核心，我設計了不同大小的空間，并有外部表面作爲内部和外部之間的接口一體壁面和半透明墻面，這些都是關閉的，然后可以從三個方向開啓，以及從屋頂空間和陽臺。慢慢走向房屋的上一層，空間就變得越來越對外開放。此外，考慮到將來可能的功能修改，空統和管道設備的安裝都考慮了要方便任何時間的加裝，而且隱藏在一個木制百葉窗后，木制百覆蓋了第三和第四層的部分空間，創造了一個雙層皮膚。由于這種雙層皮膚外部因素，木制百正對着三樓的日本室，可以隨心所欲地折叠開啓或關閉。因此，折叠百葉窗改變了日本室和外動的隅田川的關系空間。

即使在施工開始后，我也一再重新審查了整個計劃和其組成模塊，并做了一些小的修改設計。所以成爲可能，是因爲我們的設計是按照這一理念：即"當前"始終只是建設過程的一個要素，過程可以在任何給定時間内轉變或改變。同樣，有關材料和閾值的考慮也同樣是在繼續摸索，特定情況下"當前"設計最好的解决辦法，同時考慮到建築所在地流動的行人及其他交通。

鑒于建築所在地最大允許的體積，并根據設計最重要的决定方面，即内部空間和圍護結構之間接，邏輯的結論將是建築物應該像一艘停泊在隅田川的船舶清晰可見。我通過設計過程得出這論，這也許會讓人覺得吃驚，但是它也僅只是看起來符合邏輯，因爲建築過程中會發生什么事你完全不可能知道，但肯定不是毗鄰神之類的怪念頭。

攝影：Hiroshi Ueda

かねふく

# House In Hakata

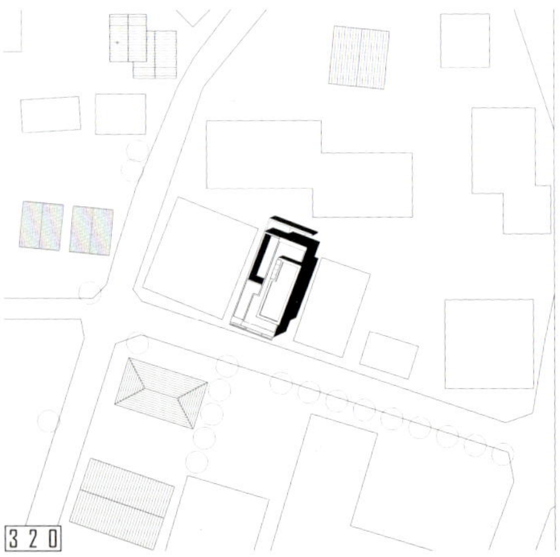

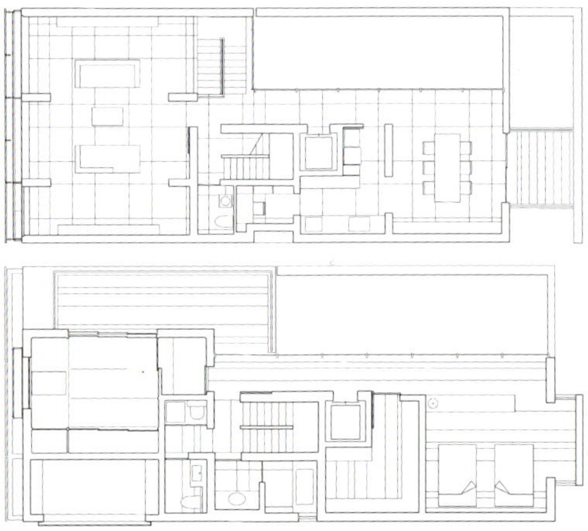

房屋建在福岡市郊的居住區。其房屋周圍三面被建築物環繞，E面狹窄并且場地非常深遠。唯一開放的景觀是面朝南面道路一棟低層公共建築。
該設計爲L型建築，圍合出道路與庭院，在該地的西北角設計三層的樓梯井。
二樓的起居室提供了一個開闊的自然景觀，可以通過木制天窗見外面的道路。横向天窗有兩個對立的功能：一方面阻礙了地面道路的視綫，而另一方面維持了一個廣闊的水平視綫。

對于日本風格的房屋來説，連接三層以上樓層的庭院在第一層扮演着花園的功能，與此同時，透過二層飯廳玻璃墻觀看室外風景，該庭院發揮了核心功能的作用。將日本風格的花園與現代元素相結合，我們選擇了"竹子"。不必説，這種植物强調了三層庭院的垂直設計感。
在高密度區的城市居住地，底層最好爲緊凑的空間，而頂層爲設計了特殊雨篷的開放式屋頂花園，二者形成了鮮明的對比。兒童學習室的空間應盡量開闊。

兩個室外空間庭院與屋頂花園的設計提供了城市居住房屋在設計上的成功。

攝影師：Hiroshi Ueda

**➜ Glashaus / Utsubo**

YANASE

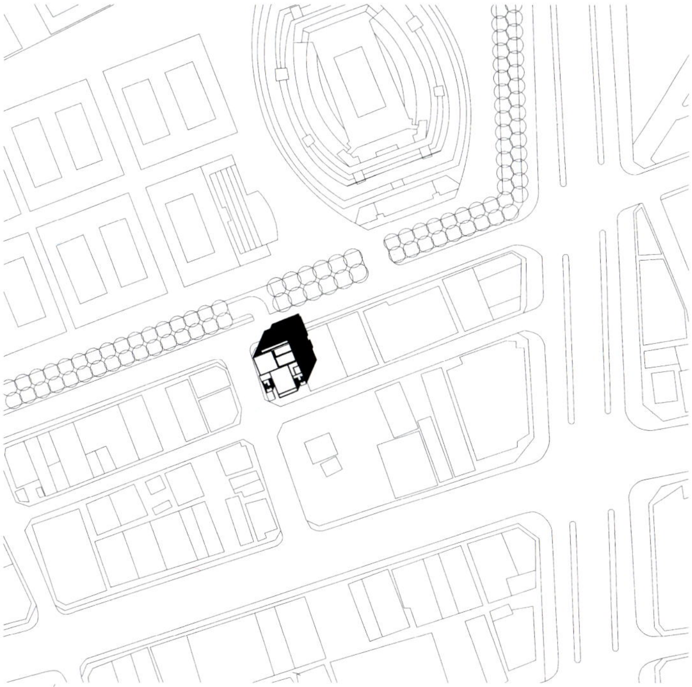

塊地位于大阪市中心地段，它的北面朝着Utsubo公園，公園是座城市中心的一片綠洲。在決定土地能建的最大容積率之后，們開始以法律允許的最大建築面積進行室内裝修。在開始的考中，我們發現有足够的空間修建外部區域。基礎的公寓設計由套公寓以L形連接而成，天花板最高點3.5米，最低點2.5米。外，我們可以修建一個地面房間，天花板高度3.2米；另一個間有一個兩層的樓梯間和陽臺，庭院式房間。

住宅的一個主要特點是它的雙層結構，在建築物表面設計有玻天窗和滑式窗扇。我們盡量避免設計整塊固定玻璃，而是設計塊小尺寸可開啓玻璃，使得住户能够在其中享受季節的變化和鮮的空氣。在中間的陽光房裏，用户可以打開或關閉玻璃板，以改變室内外的居住特點。

該住宅另一個重要特點是在中間樓層分割爲多個標准公寓的基礎上，我們爲每間公寓設計特定的室内空間，其特點主要室内空間不同的高度變化。從屋頂小樓可以看到城市天際綫，和外面的空間，如陽光室、庭院，都是有别于一般高層居住建築的亮點。根據這個計劃，我們爲城市人們建立一個模範的居住空間。如此以來，極具理性化和邏輯化的方式便誕生了Glashaus。

攝影師：Hiroshi Ueda

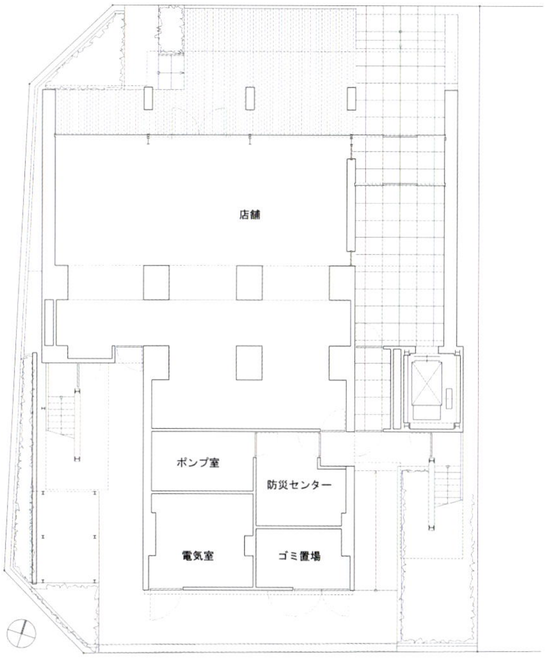

# 326 WILKINSON EYRE ARCHITECTS ➔ ACC Liverpool

由建築師威爾金森艾雷所設計的利物浦競技和會議中心由其最后權威——女王正式開放。作爲再現利物浦爲歐洲文化之都的中心裝飾品，這座大樓由以下部分組成：一個擁有10600座位的競技場、一個擁有1350座位的觀衆席的會議中心、一個占地7000平方米的展覽區。

克裏斯威爾金森，即建築石威爾金森評價到："作爲利物浦——歐洲文化之都——慶祝活動的中心裝飾品和一個標志性的音樂、體育、事件集合地，我們想爲這座城市創造一個活躍的新目的地。按計劃，這個建築是對城市突出的港口環境的反映。這個港口環境有一個低的、水平的雕塑般的形式，在歷史性背景下形成一個强烈的時代性干預。它的形狀與鄰近的艾爾伯特·得克大樓形成對比與互補，并在后方地平綫上的兩座教堂之間延伸開來。

流動的曲綫同前方快速流動的墨西河以及河的大潮、勁風和强烈的反射光綫相連。

設計理念和程序

整個用3D設計的大樓源于競技場座位典型的U型形狀。這種簡單的形式被重復，形成兩個優雅的貝殼式結構（一個用于容納競技場，另一個用于容納會議和展覽中心），這兩個結構同一個形成公共循環區域的光滑走廊鉸鏈起來。大樓被設計爲三層：覆層安排成爲三層不同透明度的寬闊水平層，最底層是透明的玻璃，中間有一層由帶圖案的半透明玻璃構成的過渡層。兩層加在一起就形成了一個隔音裝置，然而上層的鋁材板檔雨屏形成了屋頂。靠近被聯合國教科文組織列爲世界文化遺産的利物浦商業城的歷史性背景的要求也意味着要把大樓控制在低層面，這樣才不會

面的兩座教堂。
案則包括把大樓下沉至地底下，創造性堆積法（對這種類型施不常用），以及靈活的內部空間。比如，觀衆席的舞臺置料臺的頂上而觀衆席的座位和會議室設置在一個50米 × 80米柱展廳上方。觀衆席有一個200米寬的舞臺，而兩個鼓狀的轉席區是其特色。每個轉椅坐席區能容納300個座位。這些坐落制轉臺上以及能旋轉180度的座位可以以兩個分離的帶有舞臺衆席的形式提供靈活的就座方式。
大樓是作爲“盒中之盒”來設計的，以此達到不增加噪音水嚴厲的計劃規定。同時跨越舞臺和會議中心的是兩面懸臂的屋頂。在屋頂上下外層之間的一米深的透氣口確保了隔音效舞臺和會議中心立志成爲歐洲同類設施中最爲環保的。按設大樓將達到一個“很好”的BREEAM級别，通過熱能恢復系自然通風和熱泵來最少的消耗資源，減少碳的排放量。此次融入了一系列由古斯塔夫遜波特設計的另人興奮的新公共空

Convention Centre Liverpool

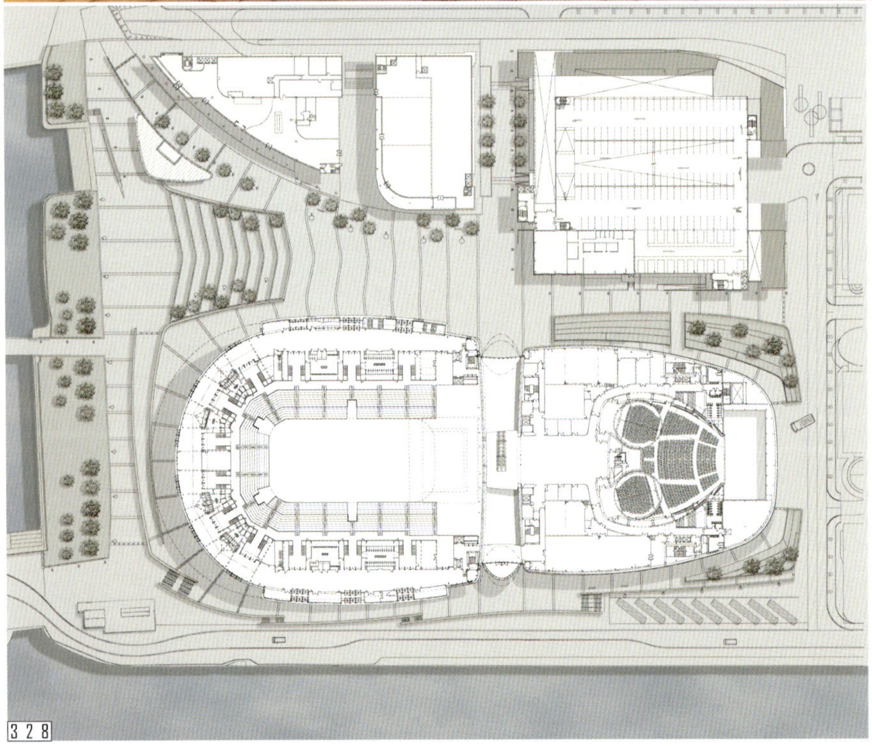

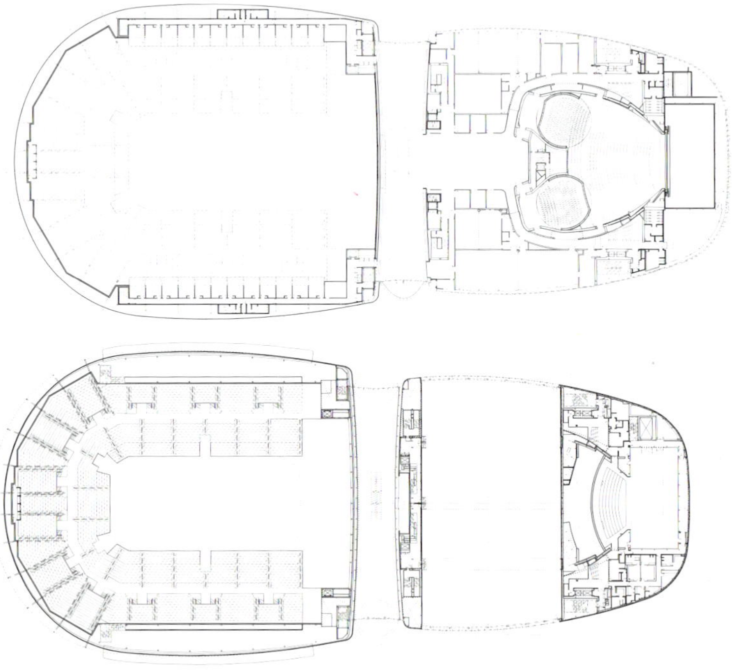

ena and Convention Centre Liverpool

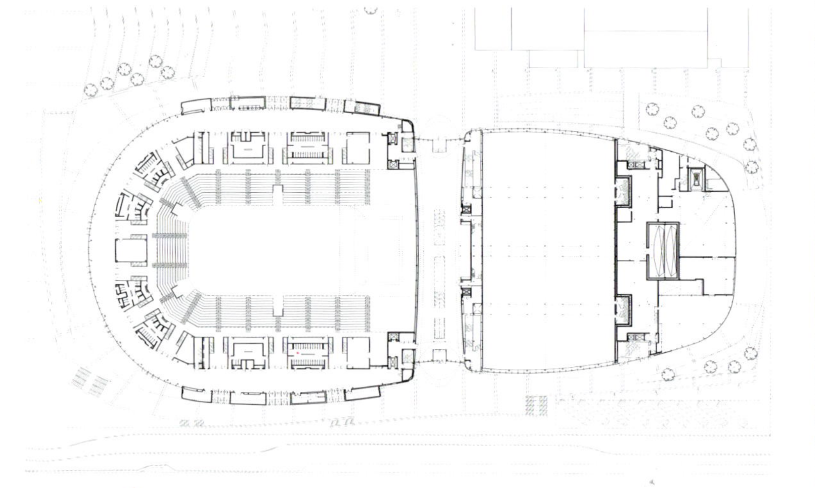

ECHO
Box Office
Blocks 9+10
Blocks 1-8
Blocks A+B, D+E
Club Class Boxes
1-12 (Cityside)

# 332 XTEN ARCHITECTURE ➜ Himmelrain Park

Himmelrain 花園由九套公寓樓組成，坐落于瑞士巴塞爾附近的一座小城鎮。幾座小樓交錯而又不規則地松散分布既能避免突發事件的發生，又能欣賞周圍的鄉村風光。地下停車場内有幾個互聯的車庫，可直接到達上面的建築樓。該項目被認爲是典型的花園公寓的變异體，在允許範圍内最大限度劃分區域，同時保持公寓内視野開闊而又保證了隱私。

建築樓被視爲不同單元類型的堆積體，每個單元所用材料不盡相同，從而降低建築規模，并定義了每個不同單元類型。每棟樓具有5個單元，而每一個單元都是由那些靈活的無結構隔牆圍繞一個緊凑核心而組成。這些單元可以改成是完全對外開放，閣樓的空間，或者可以作爲是一室，兩室或三室卧房，這些完全根據隔牆如何圍繞着這個核心。

ə包含两個復式公寓單元，卧室内爲隱私性裝訂牢固的窗户，ⅰ住區内還安裝可滑動的玻璃門，直接面向露臺和花園。第二ⅰ两個并排的緊凑單元，使用燒結的正面通風半透明玻璃，從ⅰ及外部提高透明度。頂樓閣樓單元具有很大的閣樓空間，由全樓長的露臺、弧形混凝土和鋪鋅屋頂建成，這種屋頂是對傳統的地區建築屋頂的重新詮釋。

攝影：Wehrli Muller

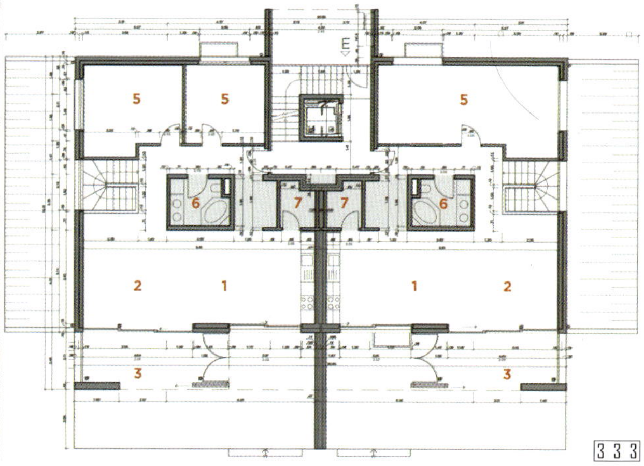

# 334 ZD+A DESARROLLO+ARQUITECTURA ➔ Casa Del Puente

墨西哥市的住宅區内設計這個房子的基本方案非常簡單：兩根垂直的大石塊上安裝一個開放式混凝土箱，這就形成了一個基本的H造型，水平的形狀（混凝土箱）好似一座小橋。

同時這個"H"方案包含兩個庭院：第一個庭院是停車場結構，第二個則是朝花園開放的庭院。兩個庭院被家庭空間連接，玻璃橱窗起到連接或隔離外部空間的作用。

人們必須跨過第一個庭院裏10米長的第二座混凝土橋才能進入房子的公共區域，這裏包括卧室，餐廳和厨房。這個長邊開啓的混凝土箱借助后張混凝土面板的支撑達到了16米的跨度。

人們必須沿着木質樓梯下去，直接進入一個石頭平臺，才能到達私人區域，這個直接建立在混凝土箱上面的區域充當了"家庭空間"的功能。

需要特別注意的是，房子和花園在經過區别模糊化后實現了整合。這種區别模糊化是通過建立花園分區，整個建築裏各個分區結合，同時分區融合周圍造景后實現的。

物質性和技術也是非常重要的因素，復合墻在水平混凝土面板上建造，大量的混凝土經過澆注后足以支撑地基的重量。所有木材采用的是核桃木，根據實體8"的尺寸和復合板組合。

攝影師：Alberto Moreno Guzman, Smartlab Photo

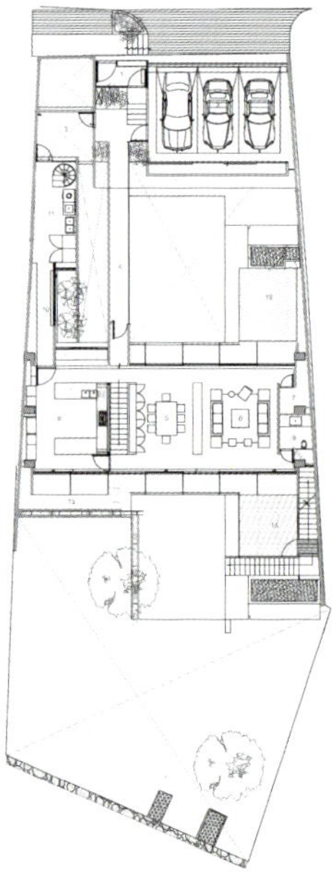

1.- access
2.- garage
3.- service
4.- bridge
5.- dining room
6.- living room
7.- wines room
8.- guest bath
9.- kitchen
10.- cupboard
11.- washing room
12.- water mirror
13.- terrace

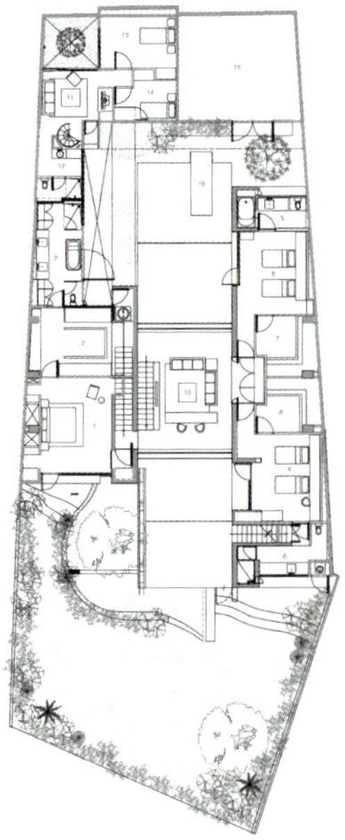

1.- bed room 01
2.- dress room 01
3.- bath room 01
4.- bed room 02
5.- bath room 02
6.- dress room 02
7.- dress room 03
8.- bed room 03
9.- bath room 03
10.-TV room
11.- service living room
12.- service bath
13.- service room 01
14.- service room 02
15.- engine room
16.- water mirror

# 340 2b ARCHITECTES ➜ Swiss Pavilion in Madrid

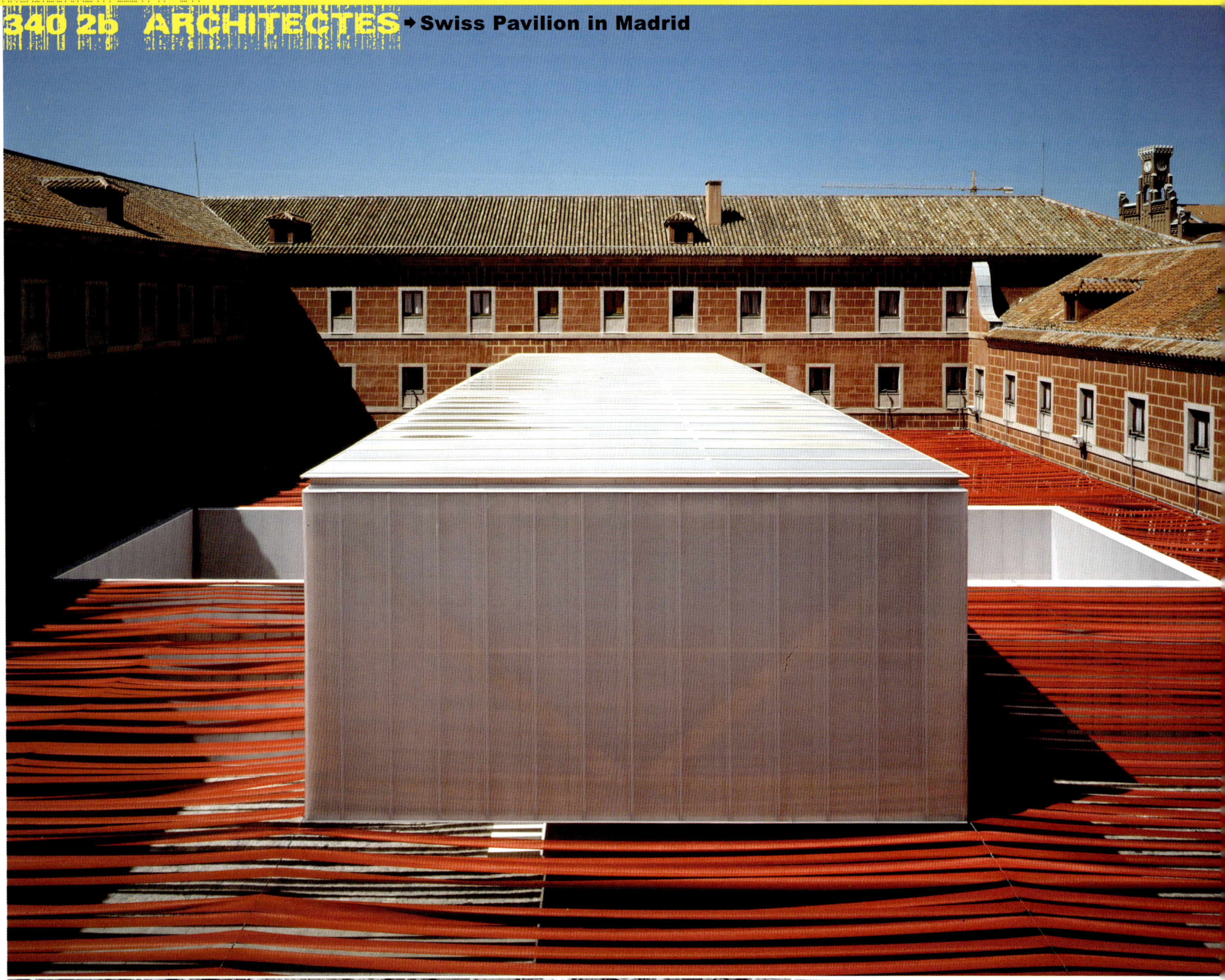

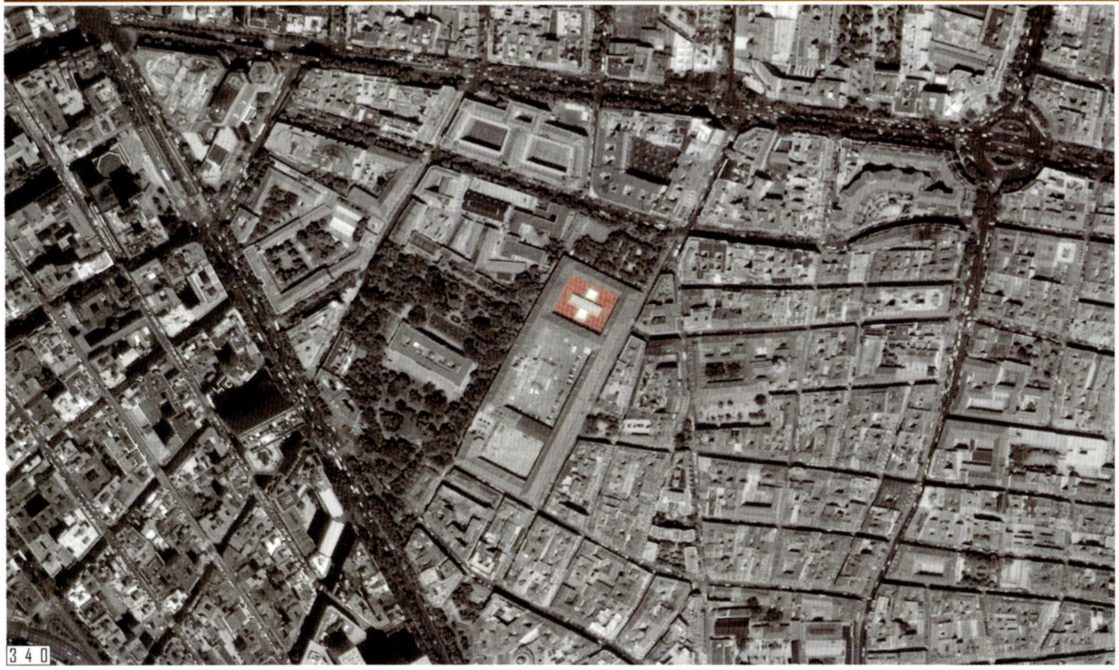

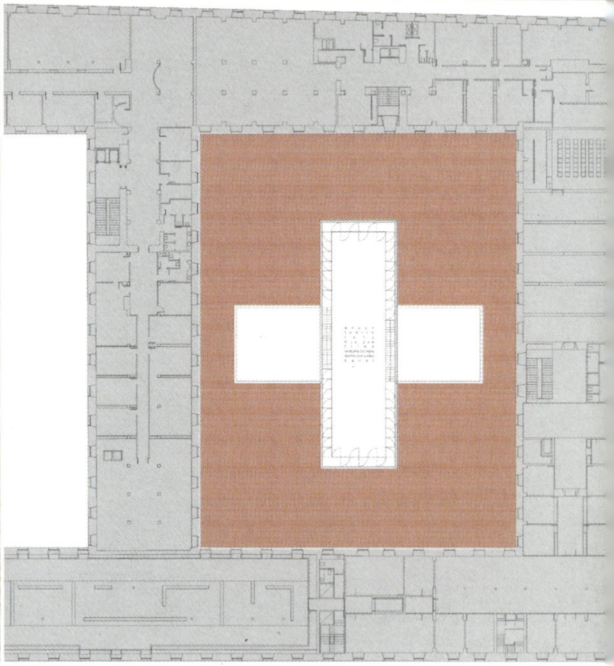

爲瑞士亭子的一個主題上的變化，這項工程用這種方式添加了門中間的兩個，以此暗示出瑞士亭子的强有力的普遍性象征。的形狀并不是由任何正式的方程式來决定的，却僅僅是因爲它指代的事物的結果。通過使用兩種瑞士的民族性顏色，該項工把額外的力量賦予了那些早就在康德·達克展現出來的功能對和空間對比。在帆布影子的突出和加强下，鋪延開來的庭院的色正面把參觀者帶入了一個節日性氣氛中，這種氣氛擴散到了個空間并把空間納入懷中。實際上，它是普遍存在的，并把材料和占據者以及庭院和亭子連接在了一起。一旦進入亭子，到處都是非彩色的白色。由于白色的中立性，它爲整個作品提供了一個支柱。亭子内部抽象的人造空間同它們的環境是分離出來的，裏面的院子提供了兩個向天空敞開的外部隔間。而含有展區的隔間位于地平面之上，裏面是一個没有帆布且不受通常院子中吵鬧聲干擾的平静空間。帶着其可移動的内部分區，它能按要求提供“白盒子”或“輕盒子”安裝。晚上當亭子被點亮成爲一個巨型燈籠，透過其邊上的帆布照亮康德·達克生機勃勃的庭院的時候，這種關系就被顛倒了。帆布和丙希酸玻璃是這項工程的兩種基本用料。在整個西班牙，表達歡慶和虛幻感覺的帆布被任意的廣泛使用，來爲廣場和街道創造陰凉地。刹那間出現了時而虛幻時而實際的意境，乳色的丙希酸金屬板能籠罩住一切却依然能讓光綫滲透進來。他們的時隱時現暗示着所有的情况，吸引着參觀者去一探究竟。

2b architectes

# ➜ Community Center in Corpataux, Magnedens

位于卡普道克斯的市政大樓給人的印象既是迷人，又是讓人惱怒。一方面，它幾乎擁有一座斜屋頂房子的最簡單的形式。另一方面，它又因爲其由細致錯落排列的凝礦石構成的外層而顯得高貴。這裏所用的石頭讓人想起了附近的一個古老的凝礦石采石場，也因此回憶起村子的歷史。這座公共大樓通過巧妙的定位，在村莊裏創造了一個新的廣場。帶着平静排列的窗户的外表在不同空間的明顯且具有功能的組織結構中反映了出來。這些空間包括一個循環區域、當地行政辦公室、一間大型的位于地表的多功能室、位于地下室的换衣間和當地協會的會議室。循環區域和主廳被光亮與黑暗對比的巧妙運用區分開來。主廳也是大樓的“pice de rsistance”。樓内建樓的概念加深了這個宜人的自治空間給人的印象。空間内有黑色條紋的墻被濃密排列的突出的木料天窗賦予了生命。這些天窗以一種綫性方式從地板向斜屋頂的内部輪廓延伸。總體而言，這座大樓的風格處于普通和奇异之間，而且變得非常迷人。因爲在這裏，普通的事物都從内外被一種特殊方式表達了出來。當一個人加入到大樓多項功能中的某單一功能時，比如説觀衆席、公共行政服務和民防系統，他就不止創了一座大樓——一個真正的社區中心。第一個問題是建築上的建造一個新的公共空間就是要設計一個對未來城市發展産生重影響的新的極，尤其是通過建造一個新的中心。卡普道克斯馬格内登斯的居民將能够把這個社區大樓變成他們自己的，

x 687.36
accès tractor et livraison, 3m
fruitiers
Parking gravier-gazon 17 places
gazon stabilisé
4 places + 1 place H
Parking vélo / moto
Place-Parvis-Entrée plaque en béton coulé env. 360m2
+ 0.05
+ 0.00
+ 0.15
banc
tilleul
+ 0.05
Place-Parking village en asphalt 56 places
x 686.69
arbustes à fleurs

這裏成爲用户之間，成爲來自社會各界不同年齡層次的新老住户之間的交流地。

位于主街道的新社區大樓盡可能地模仿，以與現有的典型一條街村莊相似。同其他諸如教堂或咖啡屋的公共或典型象征性空間一樣，新的社區大樓與馬路垂直，同時還稍稍向后退了點。這個位置確定了一個正前空間，一個前院作爲大樓的主入口。在一棵樹和一把長椅的裝扮下，這成了新的村莊廣場。這光滑的混凝土表面重新詮釋了通常存在于附近農場的建築表面。停車場被分成了兩個截然不同的區域。瀝青地表面是備來常用的，而擁有沿靠車場馬路排開的果樹的草地和礫砂地表面只是偶爾使用。

大樓的形態學是指農場的建築原型，而且用當代的一種方式對其進行了解釋。其體積是基本的，屋頂也没有懸垂物。整體體積也被獨立處理，不受由并肩排放的空間的放置關系極其額外部分所創造的内部組織結構的影響。被緊密安裝在一個統一體積中的組織結構通過一個大的開口向外界展現了出來。大樓通過其形狀盡力重創一個本地建築結構，而其蓋屋頂所和正面所用的唯一、持續的材料確定了它作爲一座當代大樓和唯一的建築對象的地位。

建築材料涉及到了當地的歷史，而且把大樓和當地的環境聯系了起來。賦予卡普道克斯——馬格内登斯身份（農場墻、教堂地基、社區紀念碑）的構成材料凝灰岩大大有助于形成社區中心的地位。作爲被使用的唯一材料，凝灰岩使大樓有了一個獨一的特色——萬物俱在的寧静。被歷史和集體記憶所深深銘記的當地材料的使用在一個地區和其居民以及新的社區中心之間建立起了種聯系。在大樓内部，觀衆席是用唯一的同種材料橡木所制，一層保護套把垂直、水平、傾斜的表面連在了一起。在别處，據主導的白色把統一性和中立性賦予了入口、休息室以及過道。在地下室，一個色彩豐富的布置以一種從粉紅到緑色的呈級的排方式組織了各種各樣的空間。

大樓符合Minergie標准，熱量和熱水由一個燃木鍋爐提供，空的更新由一個雙重空氣流通系統控制。

攝影師：T. Jantcher

請求我們幫他挑選一塊土地，建一棟新房子。經過考察我們從幾處地點挑選了一處，該處下三個特點：向下傾斜，可以觀賞到"Cerro de la Silla"的景色，而且"Cerro de la Silla"周有一圈連續的緑地，使景色顯得更加鮮明。這塊地的朝向也非常令人滿意。

以這個基本要求爲出發點：韵律。房屋沿中心軸布置，看起來就像是以自身爲中心盤旋回建築用地及其周邊環境需得到市政府的批准，因此房屋的空間布局就取决于土地周圍的景房屋的大小以這一概念爲基准，外形和色彩則符合塞巴斯蒂安雕塑的風格。該雕塑决定了房屋的建築風格。

屋的入口處設有一道水幕，穿過水幕就是門廳的玻璃磚隔墻。從門廳開始地面下降半層，坡道進入起居室。起居室以中央吊燈爲中心，從這裏可以通往整個房屋的各部分空間。后是鋼木建成的梯形結構，城市的景色可以從起居室裏一覽無余。螺旋形的樓梯一端設在門，向上通往生活區，即書房和卧室。從主卧室裏也能觀賞到城市的風光。客卧設在主卧走盡頭。

沒有開設傳統風格的窗户，而是采用經過處理的玻璃作爲隔墻，或者交錯安裝在各個墻壁爲中央空間起到透明采光的作用。每個空間都以所能看到的城市景觀爲主題，而且主要的空間均以"Cerro de la Silla"作爲窗外的活動風景。"

師：Vicente San Martín

# index

## JAGER JANSSEN

JagerJanssen is the only candidate unit among all the portal cities. On the occasion, they wear tidily, which soon proves reasonable! According to the pu votes, they firstly achieve public prize, and shortly after JagerJanssen achieves all the classified prizes. Rudy Uytenhaak is awarded the first class prize (ov prize).

## JENSEN & SKODVIN ARKITEKTKONTOR AS

**JENSEN & SKODVIN ARCHITECTS**

The practice was established in 1995 by Jan Olav Jensen and Børre Skodvin. Starting with 4 architects, the staff has grown to 9 architects in 2007. During these 12 years the office has completed a variety of projects, for public as well as private clients.

**CV Jan Olav Jensen:**

Born 1959. Prof.M.Arch. Oslo School of Architecture 1985. Founded Jensen & Skodvin Architects with Børre Skodvin in 1995, after a period of private practice and employement at various offices since 1985. Professor at Oslo School of Design and Architecture 2004. Teacher and censor at various Nordic universities. Kenzo Tange Visiting Critic at Harvard University, Boston 1998. Aga Khan Award for Architecture 1998. Norwegian Award for Timber Architecture with Børre Skodvin 1999. Grosch Medal 2003. Prince Eugen Medal 2006, MARMOMACC International Stone Award with Børre Skodvin 2007.

**CV Børre Skodvin:**

Born 1960. M.Arch. Oslo School of Architecture 1988. Founded Jensen & Skodvin Architects with Jan Olav Jensen in 1995, after a period of employement at various offices since 1988. Frequent lecturer nationally and internationally. Teacher at Oslo School of Design and Architecture since 1998. Master of steel workshop 1999 – 2004. Censor and external critic at various Nordic universities. Norwegian Award for Timber Architecture with Jan Olav Jensen 1999. Grosch Medal 2003. MARMOMACC International Stone Award with Jan Olav Jensen 2007.

**Publication:**

Most projects by JSA have been published nationally and internationally, among other in a+u (Japan), Architectural Review (Great Britain), Domus (Italy), Baumeister (Germany), Detail (Germany), L'architecture d'aujourd'Hui (France), Arquitectura Viva (Spain), Casa Bella (Spain).

**Main Exhibitions:**

2007 - Mies van der Rohe Award for architecture - selected works (Tautra Monastary)
2005 - Nordic travelling exhibition (Mortensrud Church)
2004 - Venice Biennale (Mortensrud Church)
2003 - Mies van der Rohe Award for architecture - selected works (Mortensrud Church)
1999 - "Die Neue Sammlung", Deutches Architectur Museum, Frankfurt (Lepers hospital)
1999 - "Freeway", Tallin (National Tourist Roads / Airport Parking Facilities)
1999 - "Biennial de Paisatge", Barcelona (National Tourist Roads)
1998 - "20 under 40", Oslo (National Tourist Roads / Airport Parking Facilities)
1998 - "Kenzo Tange-exhibition 98", Harvard University (selected works)
1996 - Venice Biennale (Villa Wormdal / Haug)
1995 - "Norwegian Wood", Oslo (Lysaker terminal)
1995 - "Norwegian Architecture 90 - 95" (Villa Wormdal / Haug)

Main Awards:

2007 Mies van der Rohe Award - Selected Work (Tautra Monastary)
2007 MARMOMACC International Stone Award (Tautra Monastary)
2006 Norwegian State Award for Architec (Norwegian Centre for Design and Architecture)
2003 Mies van der Rohe Award - Selected W (Mortensrud Church)
2003 ECCS European Steel Design Aw (Mortensrud Church)
2003 Grosch Medal (Works)
2002 AR+D Awards – Highly Commen (Mortensrud Church)
2000 Rosa Barba Award for Landscape Architec – Commendation (Railing at Videseter)
1999 Norwegian Award for Timber Architec (Works)
1999 European Gluelam Award – Commenda (Airport Parking Facilities)
1998 Norwegian State Award for Architec (National Tourist Roads)

**Employees:**

Torunn Golberg, AnneLise Bjerkan, Alma Elisa Oftedal, Torstein Koch, Bodil Reinhardts Chen Qing, Erik Langdalen, Per Thamsen, Tronstad, Inga Lindstrøm, Vibeke Jensen, E Bjarki Malmquist, Siri Moseng, Randi Strand, Poulsen, Hanne Pettersen, Martin Draleke, Ce Thesen Laeskogen, Ryo Yamada, Minna Ri Thomas Liu, Thomas Knigge, Dagfinn Sa Aslak Hanshuus, Joachim Dahle, Sindre Gr Knut Borgen, Rickard Riesenfeld, Helge Chris Lunder, Carl Patrik Larsson, Katrine Nyhus, S Moldestad, Ane Mari Forfang, Tarjei Kannelønn Isak Iversen, Sigurd Aanby

## JOKE VOS ARCHITECTEN

Joke Vos architecten is an architectural firm, based in Rotterdam, the Netherlands. The office is relatively young, it was founded in 2003. After graduating from Technical University Delft, Master in Architecture in 1981, Joke Vos gathered experience in working as a (senior) architect in several well-known Dutch firms.

The main objective of her own office is to realize interesting buildings in a pleasant urban context wherein people like to live and work. This implies a profound interest in both the urban setting as in the architectural creation. It goes without saying that functional, usable and pleasant floor plans are essential. The office aims for logical concepts with unexpected spatial qualities. This means a lot of puzzling, especially where relatively small housing units are concerned. In its nature architecture is static. So apart from the programme that has to be accommodated, the location and it's specific qualities have to be taken into consideration. The site has a strong influence on the overall lay-out plan and the volume. Therefore it is thoroughly studied before the design process starts.

The architecture of Joke Vos architecten is based in the modern tradition, but translated to this day and age. It desires to enhance experience by not being entirely readable at first sight. Subtle twists like slight differences in pattern (De Holle Mare) or enlarged Chinese lattice motives (harbour façade of the European China Centre in Rotterdam) are only noted in time or maybe never, but these twists certainly influence the impact of the project on the mind.

The office gives careful attention to all the different scale levels. The ov concept should be strong and has to be strictly guarded or bettered in the w out phase. Also the small scale gets meticulous care. Within the strict lim the Dutch building practice and the often limited budgets the office investig new ways of materializing (concrete of the Data Centre) or detailing.

The assignments vary from private housing to projects with multiple progr The firm also has a reputation in urban design, often in complex situations as an upstart to the architectural job. Sometimes these studies explore renewal of a section of an existing neighbourhood, sometimes a new com is developed, defining a new urban quarter (the European China Centre).

The office focuses on the core business of an architectural firm. W dedicated team of talented and enthusiastic employees Joke Vos archite works on realising their ambitions. In longstanding relationships with first advisors on construction, installations, energy concepts, physics etc. stat the-art knowledge is always available.

Boundaries are there to be stretched, but always with the client's permis The architect's satisfaction is essential, but not enough. In the end the c seeks happy and proud owners and users, not only now but also in fu times.

www.jokevos.nl

## JS[a] (Formerly Higuera + Sánchez)

In 2007, we moved to our new offices, where the Higuera + Sanchez team is evolving into a new organization called JS[a] and have chosen to focus on strengthening our most important asset, creating designdevelopment, in collaboration with the top construction companies, nationally and internationally, to build projects with the highest quality. The new partnership is a 90 person large multidisciplinary team that includes architects, developers, engineers, financiers, designers, commercial advisors and administrators.

From 2006, the firm began to receive commissions outside of Mexico City and in other countries for different projects: housing, malls, sports centers, hotels. We undertook projects like the interior design of the Museo del Estanquillo, a project for social housing for INVI-SEDUVI-Junta de Andalucía, on Republica de Brazil Street, which won the award of the Venice Architecture Biennale, and the project to finish the Centro Cultural de España, in the historic center of Mexico City.

Starting in 2005, the firm opened the interior design area, which has flourished undertaking major projects.

In 2004, the firm began the project of the Hotel Condesa df (in collaboration with India Mahdavi Hudson), which opened a whole new perspective for the firm, in view of the success it had in Mexico and abroad.

From 2002 we began to work on commissions for housing projects and to recycle existing buildings, giving them a new use. From this time, the building 13 de Septiembre stands out, and the house on Xitle Street, at the Pedregal de San Angel.

Starting in 2000, our work took off with a subtle difference when we began to build projects other than housing and to work in other areas of Mexico City. Also, we also received our first traditional architectural commissions, and we were no longer our only client.

The firm grew from 1996 to 2000, both in number of projects and in number of members.

In 1996 we began our first project with a synthesis of architecture, construction and real-estate development. The first projects on this stage were in the Colonia Condesa, in Mexico City. They were small buildings, inserted into the urban fabric of this residential area, focusing on vacant lots unused by the city. From this time, the project Privada Veracruz stands out. Here, we began to develop a process of micro-urbanism, with a project to which several buildings were added in a period of 8 years. Our objective was to create an open space in the heart of a city block. This community space has been reformulated later in our projects, because it successfully created a space that is half-private and half-public, which takes the place of a large hall, opening to the city, and is a meeting place for its residents.

In 1994 we thought it would be interesting to promote architecture and build our own projects. Our start was empirical; we began by being promoters of our own work.

The firm began with 4 members in 1992, building two small residential developments.

www.jsadd.com

## JUNYA TODA ARCHITECT & ASSOCIATES

Simple frames and subdued exterior composed of limited materials such as concrete, glass, and steel characterize my architectural works. On the contrary, the weaving light and shadows fill the interior space, creating eloquent countenances. While people take superficial images increasingly important in the information society, I emphasize spatial flow, depth, and wandering movement which are tangible and in human scale.

I often use solid concrete walls and transparent / translucent glass windows in my architectural works. I see those compositional elements justly as protective shells for residents and at the same time as membranes which expand and contract the inner space. Therefore, the relationship with surrounding environment is inevitably important to my architecture. By focusing on visually taking the surrounding into the house as "scenes", I intend my architecture obtains the openness as well as strength due to the simple and rigid structures.

## KOW

KOW is a full-service professional design firm in the Netherlands. The firm offers clients functional, sustainable and attractive answers to a vast spectrum of challenges in architecture, urban development, renovation and regional planning. KOW has established a solid reputation in the Netherlands, one that has rapidly reached an international clientele. We offer comprehensive services, with all the expertise in-house to manage and coordinate the entire design process, from planning to realisation. Our strength lies in our capacity to design and build in a variety of styles, using a range of different materials, as well as sustainable design practices our four distinct design professionals in Architecture, Urban Planning, Urban Renewal and Interiors.

# MARIO GARZANITI

Born in Liège, February 20, 1956.

**Education:**

1981 Graduated in architecture,Institut Supérieur d'Architecture Intercommunalsite Liège.

1982 Private design office

2000 ATELIER D'ARCHITECTURE MARIO GARZANITI S.P.R.L.

**Teaching experience :**

1993/04 Assistant in architecture workshop,
I.S.A.L.L.à LIEGE

1994 Lecture at K.U.L.de Louvain:"Projets d e 84 à 94"

1996 Created a series of lectures "Paroles d'architecture"

1997 Lecture at I.S.A.V.H. de Bruxelles: "Architecture en Wallonie"

1998 Lecture at I.S.A. St LUC de
Bruxelles :"Pourquoi et Comment "

2004 Lecture at ISA St LUC de LIEGE:"faire et défaire, c'est toujours travailler"

2004 Lecture at ISA LA CAMBRE dans le cycle "DETAIL"

2004 Taslk at ISA HORTA (RESIDENCE PALACE)

**Awards:**

1988 Winner of the competition "RENOVATI ON URBAINE" of the city of LI
shop PARIS-BAS in LIEGE

1992 Winner of the competition IV° BELGIAN A RCHITECTURAL AWA RDS"
Award in the category IV, intérior design.- atelier d'architecture Mario Garza
LIEGE

1992 Winner of the competition "TUILE EN TERRE CUITE" - DORMAL hou
VILLERS L'EVEQUE

1994 Winner of the competition "VI°BELGIAN
ARCHITECTURAL AWARDS" Award in category III, restoration-Medical offic
HUY

1999 Winner of the competition "LES EQUE RRES D'OR"-agence BA
TIROU in CHARLEROI

2004 Nominated at the competition "CONST RUCTION ACIER"-Housing pr
in Schaerbeek.

# MCCULLOUGH MULVIN ARCHITECTS

Established by Valerie Mulvin and Niall McCullough and now joined by Ruth O Herlihy, McCullough Mulvin Architects is a Dublin-based practice making modern architecture in Ireland, their projects unfolding against the explosion of construction accompanying Ireland's social and economic transformation. Common themes on the inter-relationship of art, landscape and memory play through the work; the projects are built in very particular contexts and reflect a specific response to site and place or are modern interventions into existing buildings, an open-ended exploration of materials and form which can occur at any scale. The location of the project is closely judged - it is absolutely alive in the development of the architectural response. The site – whether urban or rural - is a kind of archaeological landscape which requires time before you can sense the traces of other orders and earlier layers. This stimulus affects angles and geometries and begins the composition of the site modulated by built elements. Interventions to existing buildings are part of this response; it engenders a formal reply to the old fabric – a dance of culturally laden alternatives to its form and memory; do you run with the existing geometries, cancel them, play a game with them - it is not about a nostalgic conception of place; it is a good example of working with ordinary things to make something extraordinary. The language of the intervention can be spare (even invisible) or florid- the character of the architect is revealed absolutely in the decisions taken.

The projects are substantially of the public realm, cultural and civic buildings, libraries and schools, relatively simple buildings working to define a new public realm in a changing society, dealing with Ireland's diffuse light stark materiality, exploring the potential for an ordinary monumentality, for architecture outside and around the brief. The work of the practice ext to questioning urban context; McCullough Mulvin were closely involv the Temple Bar project in Dublin (designing three separate cultural build and in the Digital Hub and Newmarket quarters of Dublin (2006)- desig environments for work-living in a mixed use post industrial landscape.

The practice's work has been exhibited in Italy, Germany, the UK (Cube, 2 Spain (Mies Van der Rohe awards), Czech Republic (Prague Quadre 2007), Portugal (Lisbon Triennale 2007); Italy (Venice Biennale 2008) anc been published internationally. McCullough Mulvin Architects has won r awards for its work and has represented Ireland in Europe through exhit and publication; the practice is now working on competitions withir European competition framework.

They have lectured on their work in Ireland, Spain, Germany, Norway, the Poland, and the US. The directors are involved in teaching at the Depart of Architecture, University College Dublin, School of Architecture DIT, Ce School of Architecture, La Coruna, Spain. and have been visiting critics at (Lausanne, Switzerland),UCD, University of Limerick and DIT.

Writing about architecture, landscape and place has been an important p the practice's research, with books such as A Lost Tradition, Palimpses Dublin - An Urban History.

# MEHRDAD IRAVANIAN

Marble Architectural Award (MAA), first prize in Landscaping for the Koran Gateway (Italy, 2002) - organized by the Institute for the Foreign Commerce and IMM Carrara, sponsored by the Ministry for Foreign Affairs and the National Council of Architects.

MEMAR Award Distinguished architect

AGHAKHAN Award for architecture,nominated twice(2000)

Brief biography: Mehrdad Iravanian was born 1957 in Shiraz, Graduated in architecture at university of south western Louisiana in 1982 after returni Iran he established his private practice in shiraz since 1990 also collabo with the Sazeman Tarrahi Moaser (Contemporary Design Organization), University and Ministry of House and Urban Planning.

He had several architectural exhibitions and a wide range of buildings architectural projects.

Profile: http://mehrdad-iravanian.org/Projects

## META ARCHITECTUURBUREAU BVBA

META is a movement in architecture that aims to communicate its vision on architecture through the act of building.
Meta stands for a renewed interest in the building process, an interest in architecture itself.
Meta aims to make architecture that escapes the superfluous by starting from practical problems.
Meta loves difficult commissioners with high expectations and a clear vision.
Meta does not act hastily.
Meta negociates.
Meta tries to redefine all parameters in one loop without minding the expensive or the trendy.
Meta then builds in one go.
Timeless.
METAMANIFEST
We live in an open era. Everything can be or has been.
Cultures and styles have disappeared.
The modern and the classic are terms with a misty meaning.
Architecture has lost direction.
It is either dried out functionalism that makes form follow function, or arrogant formalism that makes function follow form.
Meta is beyond this architecture.
Meta Architecture thinks about architecture through the act of building.
She explains designing through the design.
The theoretical and the practical, design and critique, thinking and doing go together.
Meta Architecture is a metamodernism.
Being metamodern means: escaping modernity by being modern in different ways.
Meta Architecture does not sell solutions and does not answer questions.
She explains all questions in a meaningful whole.
Meta Architecture rejects no functions and designs no shape.
Form follows function that in itself acts like form.
The building is a story about building.
Antwerp, november 1991.

Web: www.meta-architectuur.be

## MIYAHARA ARCHITECT OFFICE

Add: 2-23-1-349, Yoyogi Shibuya-ku Tokyo Japan
Tel : +81-3-5304-5075 / Fax: +81-3-5304-5710
miyahara@miyahara-arch.com / www.miyahara-arch.com
President, Miyahara Architect Office
Nationality: Japanese
Year of Birth: 1966
Profession: Architect and Planner
Born in Tokyo in 1966, Teruo Miyahara studied concrete engineering at University. After graduation he joined Takenaka Corporation. At 1999, he established Miyahara Architect Office to pursue an original approach in achieving quality living. He is also teaching at the faculty of engineering of Gunma University from 2002 as a lecturer.
Prominent works include several residential projects, many of which have been awarded.

About our Design
It is easy to become immersed in preconceived ideas called "common sense" and "experience." But these can at times hinder the creation of truly natural and comfortable spaces. It is therefore essential to keep an open mind. Pure design work is a process that involves identifying what is truly needed, and placing the necessary quantities in the necessary places. Architecture, whether it be a small house for a single family, is the accumulation of this fundamental work process, outweighing all elements of purpose, scale,method of construction, or structure. This is the very essence of my design.

## MOONGYU CHOI + GA.A ARCHITECTS

Moongyu Choi was born in 1961, received BS and MS in Architectural Engineering from Yonsei University, and Master of Architecture from the Graduate School of Architecture at Columbia University. He worked with Toyo Ito Architects, Hanul Architects, and Group See. In 1999 he founded Ga.a Architects. Currently, he is a professor of Architectural Engineering at Yonsei University.
He was invited to the 9th Venice Biennale, the 7th São Paulo International Biennial of Architecture and Shenzhen and Hong Kong Bi-City Biennale of Urbanism and Architecture 2007. He won 50th Progressive Architecture Awards 2003, AIA-NY Awards 2004, Korean Institute of Architects Special Awards 2005, Korean Institute of Registered Architects Awards 2005, Seoul Architecture Awards 2005, AIA Baltimore Awards 2005, AIA Maryland Awards 2005, Korean Institute of Registered Architects Awards 2007, and Architectural Record's Design Vanguard 2007. Major works include Dalki Theme Park, Cheong Hansook Memorial, Ssamziegil, Korea Reading Guidance, Arumdri Media, Booksea Publishing, and Taehaksa Publishing.

# N! STUDIO

Susanna Ferrini and Antonello Stella are among the founders of n!studio group in 1990, in 2002 the group becomes Ferrini::Stella:;n!studio.
Their activity has always been directed towards public clients and international architectural competitions. Amongst their projects there is: the Archaeological Museum in Pitigliano, the River Museum in Nazzano, the San Vincenzo Archaeological Museum, and Casa Artusi Museum and Cultural Centre in Forlimpopoli. In 2006, by commission of the Italian Ministry of Cultural Heritage, they have designed two temporary exhibitions at the World Art Museum in Beijing including masterpieces coming from the most important Italian and international museums.
They have been recently involved in several projects of Eco-buildings. Amongst their projects with outstanding sustainable features there are the residential towers EcoRomaBuilding in Rome and East Gate in Padova, the Renewal Strategy for the Mulini Valley in Amalfi, the conversion of the Electrical Power Plant in Civitavecchia, EcoMuseums in Rennes, Cheran, Gap and Vaulx en Velin, the EcoParking in Palermo, the Piezometric Water Tower in Fer the conversion of 751 D-Park industrial area in Beijing. In 2008 they developed a sustainable master plan proposal for the new Hai Phong Cultural District in Vietnam. In France they won the competition for the Museum in Chambery and the Archaeological Museum in Breteuil, whi under construction.
Since 1991 the office's work has been published in important magazines catalogues and in 2008 AADCU Program + Hust Press Beijing publish monograph entitled "n!studio.The Sense of Matter".
MANAGEMENT TEAM: Susanna Ferrini Antonello Stella; DES COORDINATION Susanna Ferrini Antonello Stella Simone Bove; DES TEAM: Stefano Battaglia, Anna Hollstein, Paolo Rossi, Angelo Venturi; S Fabiana Aneghini, Stefano Bulian, Eleonor Court, Nadia La Gorga, Mari Mazzetta, Fabrizio Romano, Mario Russo, Sofia Steffenoni.

# OFFICE AICHER ARCHITEKTEN

Our team perform the different tasks of planning with a high level of experience, flexibility and ability to communicate. We do not have key activities – we try to find the best solution for every project according to the situation, the relation to the site and the environment. With these principles we create individual answers to every problem. A central aim of our work is the use of site – directed materials and resources.

- 2nd prize, institution of higher politechnic education Bregenz, Austria
- prize townhall Hard, Austria
- 1st prize, Retter Areal, Innsbruck, Austria
- 1st prize, residential building in Pörtschach, Carinthia, Austria
- 1st prize, apartment house Kreuzbichl, Tyrol, Austria
- Competence Center Innsbruck
- Competence Center Innsbruck 2
- Competence Park Friedrichshafen
- Office building MTU Friedrichshafen
- Competence Center Rheintal
- AT & CO Hohenems
- Impulszentrum Schwaz
- Impulszentrum Fabrik , Lustenau
- Life Science Center Innsbruck
- Kleinsorg Apartements, Lustenau
- Millennium Park, Lustenau
- Interpark Focus, Röthis
- Campus Dornbirn
- Bertolinihaus, Dornbirn
- Residences in Vorarlberg, Tirol, Linz, Kärnten

# OFIS ARCHITECTS

... architectural office based in ljubljana formed by rok oman and spela videcnik in 1998.
OFIS work negotiates between architectural projects in different scales (from 30 $m^2$ to 50,000 $m^2$), performing arts and set design.

Rok oman
(born 1970) studied architecture at the ljubljana school of architecture (grad. oct.1998) and at the architectural association in london (grad.feb.2000).

Spela videčnik
(born 1971) studied architecture at the ljubljana school of architecture (grad. oct.1997) and at the architectural association in london (grad. feb. 2000).

Awards :
Jan 2007. mies van den rohe awards 2006 , nomination for housing or coast
Dec 2006. european grand prix for innovation awards , monaco
Jan 2006. bienal miami 2005 . honors for villa under-extension, miami, usa
Dec 2004. ar+d awards . high commendation for the city museum ljub architectural review, riba, london, uk
Dec 2001. design vanguard 2001 . architectural record, new york, usa
July 01, europan 6 , graz, a, (winner)
Jan 2001. young architect of the year . winner, yaya, london, uk

# OFFICE dA

Office dA is a Boston-based architecture and design firm led by principal partners Monica Ponce de Leon and Nader Tehrani. The firm's work ranges in scale from furniture to urban design and infrastructure, with a focus on architectural craft, detailing, and precision. Office dA seizes on the challenges unique to each project — the peculiarities of a site, requirements of program, and the specifics of a target audience — as the catalysts for transformation in architecture. An investigation of the potentials of materials and construction techniques, often imported from fields outside of architecture, is the foundation for every design. Much of the firm's research is dedicated to an exploration of how to improve on contemporary modes of constru investigating both industry standards as well evolving technologies de from digital manufacturing processes. The firm's focus on detailing, mate and technology has established a unique design process that encou architectural invention and the production of knowledge. Office simultaneous rigor and sensitivity have allowed the firm to develop a po of projects around the world — from Boston to Caracas to Beijing — uniquely marry local craft and tradition to global and contemporary technic

## OGRYDZIAK / PRILLINGER ARCHITECTS

Ogrydziak / Prillinger Architects is a San Francisco-based design studio, established in 2000. Projects range in scale from institutions, to private homes, to interior and object design. Our design strategy identifies a space of operation for each project (based in part on our own pathologies, as well as those of the client), and then lets each project's own internal formal possibilities unfold therein. In general, we tend to be less interested in how things look than conceptual ideas about what things mean. In the interest of understanding where form or formal choices come from, we are always trying to catch ourselves operating with received ideas regarding ways of organizing space. As such, each project enacts the Heideggerean impulse to interrogate the ground of any given position. This and the scrutiny of our own motives and inclinations is really a pervasive compulsion in our design work. However, as much as one tries to understand and situate oneself in the larger discourse, design inevitably results from the release of a repressed fantasy on the part of the architect. In our opinion, a good project exists precisely in this tension between a subjective revelation and the autonomous tradition of architecture.

## OYLER WU COLLABORATIVE

The architecture office of Oyler Wu Collaborative was established in 2001 in New York City, and is currently located in Los Angeles, CA. Our work includes projects of a wide range of types, located in Los Angeles, Taipei, Taiwan, and in Ordos, Inner Mongolia. Our projects range in size from small design interventions to a 15-story mixed use tower. This diverse range of work allows us to explore design ideas directed simultaneously at the experience of the individual user, and at the scale of the urban environment. Our current work includes: a 3-story apartment building in Venice, CA; an office renovation in Venice, CA; a 15-story residential and commercial tower in Taipei, Taiwan; an outdoor gallery installation in Silver Lake, CA; and a residence in Alhambra, CA. Oyler Wu Collaborative was recently awarded the design of the new space for the LA Forum for Art and Architecture in Hollywood, and is one of the 100 firms selected to participate in the Ordos 100 project in Inner Mongolia.

## PASCAL ARQUITECTOS

Pascal Arquitectos was founded in 1979 by Carlos and Gerard Pascal with the main purpose of achieving ultimate and integral development in architecture, interior, landscape, lighting and furniture design.

Atelier's production ranges from luxurious residential projects, residential complexes, institutional and religious buildings, restaurants, to corporate and offices buildings and hotels.

Major restorations of two historic monuments, both recognized by the National Institute of Fine Arts (INBA), had been completed: Edificio Bolivia, an original masterpiece of architect José Villagrán García nowadays corporate headquarters of Ford Motor Company de México, and the grand heritage mansion located in Avenida Refoma and Río Elba street, for "El Divino" restaurant.

In 2003 project Hotel Sheraton Centro Histórico was concluded. This was the first project developed in the area since the 1985 earthquakes and also the first one done in 40 years in Mexico's City historical downtown.

## PHILIP LUTZ ARCHITEKTUR

Philip Lutz was born in Salzburg in 1966, studied architecture at the technical university an the university of applied arts, where he graduated with prof. hans hollein in 1994. After application for a Fulbright fellowship Philip Lutz went to the Columbia University, New York City, and graduated there as a Master of Science of Architecture and Urban Design.

Professional training at Dietrich & Untertrifaller, Bregenz First practice with Christian Maier und Geli Salzmann in Dornbirn

He set up his first own studio in Lochau, Bregenz, Member of the Bavarian Chamber of Architects.

Married since 1996, two kids.

Major projects of the last years are the Skihütte Schneggarei in Lech am Arlberg, the own residential house in Bregenz and hotel projects in the city of salzburg and also in southern poland.

Prizes for realised projects:

- 2003 first prize timber architecture in vorarlberg
- 2003 first prize furniture design with regional craftsmen
- 2004 austrian architecture-client´s prize - schneggarei
- 2005 first prize timber construction allgäu-bavaria
- 2007 prize timber construction vorarlber - michelehof
- 2007 austrian architecture-client´s prize - michelehof

Philip Lutz is professor at the Hochschule Liechtenstein since 2004.

## PHILIPPE SAMYN AND PARTNERS

**Introduction**

Samyn and Partners, founded in 1980, is a private company owned by its partners and staff and lead by its design Partner Dr Ir Philippe Samyn. It is active with its affiliated companies (FTI, founded in 1985, DAE, founded in 1994 and AirSR, founded in 2003 and Ingenious bureau Yan MEIJER), in all fields of architecture and building engineering.

Philippe Samyn's architectural and engineering design approach is based on questioning which can be summarised as a "why" methodology. The firm approaches projects openly to all sorts of possibilities whilst listening, closely to its clients demands.

Its projects are often published in the international specialised press.

**Professional Services**

The firm's client services include Planning and Programming; Urban Planning, Landscaping and Architectural Design; Building Physics, MEP and Structural Engineering; Interior Design, Project and Construction Management, Cost and Planning Control, Quantity Surveying, Safety and Health Coordinator.

**Academic Activities and R & D**

Staff members are involved in architectural and professional organisations, as well as academic and R&D activities including teaching, research and development.

**Build References**

Among its projects as of 2006-30-09 the firm has built, and is currently building or studying over :

12.614 sqm of bridges and civil engineering structures,
63.589 sqm of stations, terminals, transport and parking,
93.018 sqm of industrial buildings,
152.767 sqm of public services facilities,
135.323 sqm of research centres and laboratories ,
362.399 sqm of office spaces : new,
126.408 sqm of office spaces : refurbished,
79.110 sqm of office spaces : interior fit-out,
59.303 sqm of exhibition and commercial spaces,
55.362 sqm of energy renovation,
77.918 sqm of schools and universities,
45.209 sqm of auditorium and performance facilities,
27.130 sqm of museums and cultural buildings,
141.413 sqm of hospital buildings, health centre or veterin buildings,
4.301 sqm of hotels, restaurants and guest houses,
153.464 sqm of apartment and housing units,
23.631 sqm of private houses,
64 bank branches.

**Staff**

The firm currently has a staff of 53 architects and engineers, partners , plus a staff of 23 persons in its affiliated companies.

**Direction**

Principal and Design Partner :
Philippe Samyn

**Partners:**

Denis Mélotte, Antonio Quiñones, Bernard Vleurick, Ghisl André, Johan Van Rompaey, Jacques Ceyssens, Quentin Steya Benedetto Calcagno, Thierry Henrard, André Charon
Associate partner,
Bart Laforce

## RAFAEL IGLESIA ARCHITECT

We face a new environment, adapting to it is an animal issue. As the primitive with the nature, modifying it to survive.

We work with the experimentation, the future, not with the experience, the past.

We work with the verb, not the noun. We said study, not school; go up or go down, not stairs; we do not said door, we said entry, exit, open, close.

Internet unmaterialized everything, do not have tradition, that is why, we understand that we have to be more geographical than historical. It is no lor about who we are or where we came from, it is about where we are going to We need some way, some direction.

Arq. Rafael Iglesia

## RONALD JANSSEN ARCHITECTEN

Ronald Janssen (1968) received his Master degree at Eindhoven University of Technology, faculty of Architecture in 1994. He gained professional experience at Claus and Kaan Architecten in Amsterdam between ... and .... He lectured at Delft University of Technology between 2002 and 2007.

After receiving several grants for young talented architects he opened up an independent office in 2000. The first five years of this independent career he concentrated primarily on making preliminary studies for large projects and on developing concepts for housing and urban design, of which some were awarded. After that period he increasingly received commissions to actually realize his designs. The first projects have now been built. His current projects are more extensive in scale than the ones before.

Ronald Janssen considers every phase in a design and building proces similar importance. According to him the process of designing is never finish In line with that thought meetings at the building site are as important to as the first design ideas. According to this stance, the design and build process is not linear; it is chaotic. Therefore it requires a balance betw concentration, in order to make the right decisions at the right time, relaxation, in order to be sensitive for positive influences from other particip in the design process.

## ROTO ARCHITECTS INC

Since it's founding in 1991, RoTo has developed collaborative working relationships with clients who operate at the frontiers of their particular fields. These clients include the first Native American University in America, the Governor of Nagasaki, Japan, a Play Development and Education Center for a leading theater company and university drama program, an international management consulting and business transformation firm, University Presidents, Civic Leaders and Tibetan Rinpoches. The unique interests of, and relationships with our clients have led to a body of work where different ways of making architecture is explored which leads to solutions that are inevitable, functionally and aesthetically. We do not have a signature style nor do we specialize in project types thus allowing us to be open to new ideas and to develop innovative approaches to programming challenges.

RoTo has completed a wide range of project types of varying scope and complexity including Residential, Commercial, Cultural and Institutional.

In addition to Architectural Design, RoTo Services include strategic consulting to, non-profit organizations with long-term building or planning programs, campus planning, the planning and design of rural communities and land based use design for natural and cultural conservation, for-profit organizations with urban land holdings.

The work has been published internationally, it has received many awards and professor Rotondi has lectured and taught widely on the issues and ideas explored in the works.

## RUDY UYTENHAAK ARCHITECTEN BUREAU

Rudy Uytenhaak Architecture Bureau is an investigative and creative architecture agency. We design appropriate and sustainable buildings through the innovative, economical and inspired application of materials and techniques.

We're a partner with initiative and vision in the total process of research, design, decision-making and implementation. Our driving force in every commission is the search for the unexpected yet fitting building, given form by the interaction between the wishes of the client and the inspiration of the architect. In programmes where a wide range of qualities has to be achieved simultaneously, a close understanding of the priorities is of vital importance. Only then can the architect assist the client in making well-founded choices, right from the earliest sketching-out stages, so that together they ultimately arrive at an optimum level of integral quality. In such a process, asking the right question is already half the answer. Commissions with specific programmes are what give us such fulfilment in our work. A degree of complexity is a stimulus to organise, to 'tidy up', and so to achieve the essential clarity.

A team of over 45 committed individuals makes up our bureau: people with passion for our organisation and our projects. To our clients, they are both advisors and service providers. Personal contact is essential in this relationship, with imagination and accountability our keywords. Commissions are tackled on a project basis by teams made up of architects, designers, construction specialists, costing analysts and building coordinators. From first sketch to ultimate delivery, each project is led by a permanent dedicated project architect, who carries ultimate responsibility for the commission and acts as the internal and external point of contact. The continuity of the project, and firm links back to the bureau, are ensured by this project architect's constant involvement.

Since it was founded in 1980, our architecture bureau has developed into a versatile and a specialised organisation at one and the same time, with a wide range of expertise in urban planning, utilities construction, housing and interiors. We're an efficiently organised bureau, with great resources of experience, skill and inventiveness, and a dedication to quality and sustainability even within tight budgets.

## SAKO ARCHITECTS

Keiichiro Sako <principal>

2004 to 2005 Visiting Scholar at Columbia University.
Overseas artist dispatched by Agency for Cultural Affairs.
2004 Established SAKO Architects
Jointly presided over Asian Architects Associates
1996 to 2004 Worked with Riken Yamamoto & Field Shop
1996 Obtained a Masters Degree from the Tokyo Institute of Technology
1994 Graduated from Tokyo Institute of Technology
1970 Born in Fukuoka, Japan

Works

2008: KID'S REPUBLIC4 in Shanghai; FLATFLAT in Harajuku; EIFINI in Beijing; BRANCH in Changchun; MOSAIC in Beijing; LATTICE in Beijing; STRIPES in Jinan; KID'S REPUBLIC3 in Shenyang
2007: KID'S REPUBLIC2 in Tianjin; BEANS in Kanazawa; ROMANTICISM2 in Hangzhou; IMAGINARIUM in Barcelona
2006: ROMANTICISM in Hangzhou; CIBOL in Beijing; FELISSIMO2 in Beijing
2005: KALEIDOSCAPE in Tianjin; KID'S REPUBLIC in Beijing; STORAGE in Tokyo
2004: CENTER COURSE in Seoul; FELISSIMO in Beijing
2003: T in Tokyo

Projects of which Sako was in charge while working with Riken Yamamoto & Field Shop

2004: JIANWAI SOHO in Beijing
2003: Shinonome Canal Court CODAN Apartment Houses
2000: Fire Station in Hiroshima

Awards

2008 : JCD Design Award 2008 (Japan)
Silver Award:
ROMANTICISM2 in Hangzhou
INTERIOR DESIGN AWARD IN CHINA 2007 COMMERCIAL SPACE : KID'S REPUBLIC in Beijing
The 5th MODERN DECORATION INTERNATIONAL MEDIA PRIZE (China) `ANNUAL BEST DESIGNER`
2007: Innovational top 10 on Tenment Design 2007 (China)
Gold Award: BUMPS in Beijing
Pioneer of science & technology of Green, humanism, science & technology Award 2007 (China)
Gold Award: BUMPS in Beijing
JCD Design Award 2007 (Japan)
Bronze Award: ROMANTICISM in Hangzhou
2006: Asian Apartment Award 2006 (China)
Gold Award: STRIPES in Jinan
JCD Design Award 2006(Japan)
July Award (Hashimoto Yukio prize): CIBOL in Beijing
Silver Award : KID'S REPUBLIC in Beijing
Bronze Award : FELISSIMO2 in Beijing
2005: JCD Design Award 2005(Japan)
Gold Award : FELISSIMO in Beijing
2004: Commercial Real Estate Award (China) : KALEIDOSCAPE in Tianjin
2004: JCD Design Award 2004(Japan)
Encouragement Prize : T in Tokyo

Books

2007: "28 Themes" (Bookshop TOTO)
2006: "EDGE ~The Power of Materials~" (National Museum Of China)

## SAUCIER+PERROTTE ARCHITECTES

Founded in 1988 by Gilles Saucier and André Perrotte, Saucier + Perrotte architectes has gained international renown for its institutional, cultural, and residential projects. The firm represented Canada at the prestigious Architecture Biennale of Venice in 2004, and has been honoured with numerous awards, including 5 Governor General's Medals in Architecture. While continuing to add to its body of significant built work in Quebec and Ontario, the firm is also currently working in Alberta and Malaysia. In addition, Saucier + Perrotte has designed projects for Japan, China, and the Middle East.

Located at the edge of Montreal's 'Little Italy,' Saucier + Perrotte architectes occupies a 60-year-old textile factory that has been converted by the firm. The area is characterized by a mix of building typologies, with low density housing in close juxtaposition with old industrial buildings. The partners are proud to be part of the renewal of this area of the city.

Recent S+P projects that have garnered top awards include the Perimeter Institute for Theoretical Physics (Waterloo, Ontario), honoured with the 2008 International Architecture Award (presented by the Chicago Athenaeum and the European Centre for Architecture Art Design and Urban Studies), the 2006 Governor General Medal in Architecture, and the 2005 OAA and OAQ Awards of Excellence among others; Communication, Culture and Technology Building (University of Toronto at Mississauga), which received the 2008 Governor General Medal in Architecture and the 2007 OAA and OAQ Awards of Excellence; the new Schulich School of Music Building (McGill University); the New College Student Residence (University of Toronto), awarded a Canadian Architect Award of Excellence; the First Nations Exhibition Pavilion in Montreal, whichreceived a Governor General Medal in Architecture, a Canadian Architect Award of Excellence, and the OAQ Award of Excellence; the School of Architecture and Design for University of Montreal; Gerald-Godin College in Ste-Genevieve, whose prizes include the OAQ Grand Prize of Excellence; a hotel for the Orford Arts Centre; the Canadian Embassy in Abu Dhabi; Michel Brisson_ men's store in Old Montreal; and Boutique Philippe Dubuc.

Ongoing major projects include a 1000-unit, 3.8 acre residential complex and master plan (LEED Gold) in Toronto's West Don Lands; the new Science and Technology Building for John Abbott College in Ste-Anne-de-Bellevue, Quebec; a hotel tower in Kuching, Malaysia; the National Mountain Centre Museum Climbing Facility in Canmore, Alberta; and the Centre de Villégiature Montc a 70-room hotel in Quebec's Lanaudière region.

Throughout the firm's history, Gilles Saucier and André Perrotte have b involved in teaching and lecturing locally and abroad. This year, G has lectured at the AIA San Francisco and for the Séminaire internati Phyllis Lambert at University of Montreal, and André spoke in 2008 at Annual Conference of the Society of College and University Planning. lecture series for S+P have included talks at several universities, the York Architectural League, and "Architecture Rampant" at the Royal On Museum. Notably, Gilles was one of three architects in Canada invite accompany the Governor General team to promote Canadian culture throu series of state visits to Finland and Iceland. In addition to the 2004 Architec Biennale in Venice, Saucier + Perrotte has previously been part of t important exhibitions: "Les lieux de la couleur", presented at the Cana Centre for Architecture (CCA) in 2000, "Childhood Landscapes / Topograp Unfoldings" presented in Canada and the U.S. between 2002 and 2004, more recently "Substance Over Spectacle" in Vancouver (2005). In 2002 Canadian Centre for Architecture began archiving architectural drawings models by Saucier + Perrotte, and in 2007, the CCA selected the firm to de its exhibition on the Oil Crisis of the 1970's, entitled "1973: Sorry, Out of Ga Saucier + Perrotte is regularly invited to participate in major internati competitions and has been a finalist in several in recent years. The firm wor prestigious competition for the Bank Street Building on Parliament Hill in Ot and was short-listed for the design of the Grande Bibliothèque du Qué the new Montreal Cultural and Administrative Complex (which included a Montreal Symphony Orchestra Concert Hall, a 30-storey tower for the Qu provincial government, and the Premier's new offices, the Canadian Mus for Human Rights in Winnipeg, and the AIST African Institute of Science Technology International Competition in Nigeria. Saucier + Perrotte recently worked on the design of a new 2300-seat permanent theatre fo Cirque du Soleil in Tokyo, Japan.

## SHAMIYEH ASSOCIATES

Previously named Bureau for Architecture, Urbanism and Culture and established in Austria in 2000, was founded as a limited company in 2007. The firm concerns itself with architectural production in its broadest sense, consultancy, and matters of contemporary culture(s).Recently the firm has been awarded with the prestigious Architectural Review Award for Emerging Architects (2006) and was listed in wallpaper's Design Directory as one of "101 of the world's most exciting new architects (2007). The glass house Seifert, had been selected a "key contemporary building" of the early 21st century.

Currently the firm is engaged in the strategic positioning and realization bank, a large communication project for the sports car manufacturer Por going public in fall 2009, and a large hotel development in Croatia aside s smaller and medium – sized projects. Every work of the firm is driven system – approach towards sustainability.

## SIMONE MICHELI

Simone Micheli is a professor. He founded the architectural studio with his name in 1990 and the Design Company "Simone Micheli Architectural Hero" in 2003. His works concerning architecture, contract, interior design, exhibit design, design, graphic and communication are strictly linked to the sensorial glorification. Over the years he has signed various architectural projects, interior projects and exhibitions related to the domestic and the contract world. He designed various objects for some of the most qualified European companies of this field. He exposed his projects at the Biennale di Venezia, Architecture section. He is the curator of some thematic "contract" exhibitions in the most important international fairs of this field. He represented Italian interior design taking part to the XXX Congreso Colombiano de Arquitectura in Baranquilla-Colombia and participating at the International Conference of Architecture in Hanover (Germany). Interviews and films about his works have been realized by the Italian network "Mediaset, "Rai", "Sky – Leonardo – Alice - Gambero Rosso" and the international "Tele France", Swiss television, Chinese and Korean channels.

Among the most recent prizes we recall: the "Design Plus 2007", a sp prize in the bathroom sector and the "Comfort & Design 2008" an internat prize for the care, the pursuit of excellence and innovation, with the rad "Badge" for Cordivari; the" Best Interior Design" and "Best Apartment in the competition "Homes Overseas Award 2007" London, the internat competition for the best residential real estate development projects ir world, with the project of Golfo Gabella Lake Resort for Sist Group "European Architectural Award Plaster 2008",an international prize for Rizzo.

His works are published on the most important Italian and internat magazines.

For the consultation of his works, please visit the following web site: www.simonemicheli.com.

## S-M.A.O. SANCHO – MADRIDEJOS ARCHITECTURE OFFICE

Since 25 years they are developing their work in the field of Architecture and Urban Planning, including very different scale works: as many singular public building like housing building or big urban projects.
Their last projects are extended throught Spain (Shopping Center in Eibar, Guipúzcoa; the Museum of Contemporary Art in Alicante; the Winery 14 Viñas in Ciudad Real or the singular dwellings in Cantalares, Murcia; so as the Chapel in Valleacerón, Ciudad Real or the Town Hall and Civic Center in San Fernando de Henares, Madrid), France (the University Library in Nantes) and China (the Duolun Regional Planning, the Clubhouse in Qingpu or the Art Forum Tower).
Their work has been exhibited in the MOMA of New York and in the last Venice and Shanghai Biennials among other exhibitions and has been published in many books and magazines, as: El Croquis (Spain), A+U (Japan), T+A (China), 10x10 Phaidon (New York), ANC (Korea), Concrete Architecture (London), 40 Under 40,Tachen (New York), New Sacred Architecture (London), Arquitectura Viva (Spain), A.V. (Spain), Techniques & Architecture (Paris), Phaidon Atlas (New York), Architectural Record (New York), ...

## SMOLENICKY & PARTNER

Smolenicky & Partner is an international architectural office based in Zurich with numerous different projects to its name, ranging from the fields of interior and luxury-segment architecture to complex large-scale projects of the highest standards. Each project starts with the careful distillation of the core potentialities of the building remit and a precise definition of the existing qualities of the site. The success of architecture depends on achieving an intelligent balance between the complex relations of economics, organisations and aesthetics. The result is a location that both meets the highest requirements of the client and provides the user with pleasurable surroundings, whilst simultaneously establishing its own unmistakable character. In the process, atmospheric density and spatial quality play equally a central role as the efficient exploitation of the available resources.

## SPF: a

Founded in 1988, SPF: a is a Los Angeles based architecture firm specializing in clients and projects that require a high level of design sensitivity, technical expertise, and hands-on principal involvement. Led by Principals, Zoltan E. Pali, FAIA and Judit Méda Fekete, LEED AP, the studio houses an award-winning design team, and one of the world's most accomplished technical documentation workshops.
SPF: a design awards range from Architecture Magazine's Home of the Year Award (2003) to the AIA National Honor Award [2005] for the design of the Somis Hay Barn. Projects range in size and scope from 5,500 square foot private homes to the 300,000 square foot Getty Villa Museum, and include education, preservation, residential, institutional, commercial, and health care facilities.
A mid-sized studio, SPF:a uses a full complement of technological resources to produce rigorously accurate work, including the latest versions of computer-aided drafting and three-dimensional visualization software. Possessing a background and affinity for fine art and design, SPF:a principals have built a fully-modernized 1,800 square foot art gallery space into the firm's corporate offices. The Museum of Design Art and Architecture (MODAA) gallery regularly features the work of local artists, exploring the relationship and dialogue between art and architecture.

© Bart Maiorana

## STEPHEN VARADY ARCHITECTURE

'architecture is imagination made solid...'

Stephen Varady Architecture is a respected innovative studio-based practice exploring alternative ideas for residential, commercial and hypothetical projects. Their designs are striking, sensitive and cost effective solutions to a wide range of complex problems. All projects are regarded with importance, are approached with careful consideration and patience, and are designed to achieve more than was originally required. Stephen Varady Architecture works long and hard and patiently to carefully craft each project into a special gem. Their studio has an atmosphere of calmness, intensity and fun – imaginations are sparked, discussions are had, creativity flows and projects slowly develop through an evolutionary process.
The architecture that Stephen Varady Architecture creates taps into the unlimited possibilities of the imagination to create buildings that engage with the desires and emotions of those that come to use them. The projects are informed by a knowledge of art, sculpture and architectural precedent, and manipulate sites, materials and light in challenging and inventive ways. Through the questioning of preconceptions they attempt to define alternative living environments at the beginning of the 21st Century. Their projects engage with the human spirit through the senses, framing the experiences allowed by the new spaces created... spaces of drama, mystery, and magic...

## STUDIO DI ARCHITETTURA MARCO CASTELLETTI

After cooperating with Enrico D. Bona, and professor and architect of Genova University of Architecture and Design for a period of time, starts his own working studio in Erba of Como in 1987.

During 1984-2004, achieving the prize in many matches (16 golden prizes). The matches mainly involve the design of architecture along the Como and Lugano lakefront. In November 2001, winning the first prize in the design match for Goldoni plaza, and winning the first prize in the design match for Innominato road, Agnesi road, as well as Sarto road of Chiuso community of Lecco in April 2004.

In February 2003, taking over the aforementioned Trieste project, and cooperating with Professor & Architect Boris Podrecca to win the honor of "Design Prince" on Milan expo.

Thanks to the various designs in Como, achieving the architecture prize "Coronated Master" in 1994, 1999, 2001 and 2003.

In December 2004, Royal Institute of British Architects granted him international AR+D architecture engineer prize.

Having taken part in the following public projects: design of Porlezza lakefr design of urban center of Lentate and Novedrate city, design of Zampier Cadorago plaza, design and construction of Feste building, design of Motta Albese and Prepositurale plaza.

The private work studio is currently working on the campus design of Cath University of Tirana, including Law School, Economic School, Machinery Sch and one library.

## STUDIO FOR ARCHITECTURE

The architecture office, Studio for architecture, was established in 1991 in munich.

Peter Haimerl is an architect who testifies the boundaries of architecture and urban design.

His work experiments with new planning structures based on computer programmed processes and also with the remodelling of existing buildings, like single one family houses or car parks.

He undersands each project as a unique opportunity to develop an indivic design concept, customized to the particular nature and economic possibili of the client.

He works close in collaboration with manufacturers and contractors and see involvement in the construction process as an integral aspect of the design.

## STUDIO GRANDA

Margrét Harðardóttir and Steve Christer established Studio Granda with in Reykjavík, Iceland in 1987 as a result of winning the open competition for the design of the Reykjavík City Hall.

The location in Iceland, an island with a population of about than 300,000 has negated a large portfolio and limited the opportunity for specialisation but instead it has ensured a wide diversity of work. The practice has undertaken commissions for public and private clients as well as infrastructure, plann product design and collaborations with artists. This range of experience helped reinforce the belief that design philosophy grows from the iss surrounding each project rather than from a universal design theory. E scheme is developed according to it's own unique needs and the final proc is often the result of a long process of listening, testing and reconsideration.

## STUDIO ZOPPINI ASSOCIATI / HOK

Studio Zoppini Associati was founded in 1961 by Pino Zoppini. The professional services provided by the practice range from architecture, urban planning and landscape design with particular experience in advanced and complex large scale buildings. The specific competence in Sports architecture culminated with the competion of Oval Lingotto for the 2006 Olmpics in Torino. The venue was recognised as the most significant facility of the Games and won among the numerous awards the IOC 2007 Gold Medal.

At present the practice is designing the Speed Skating Oval and the Skating Arena for Sochi 2014 Olympics. The practice design is based on commitment to develop highly advanced buildings where architetural quality combines use of new materials, sustanibility and client's operation and functional needs.

We have a multidisciplinary design aproach where both external consultants and final users groups are involved from the inception. We consider process of designing a building as an interactive experience through which various aspirations of Client, User Groups and Community as a whole mus explored, defined and finally realised. This process is a journey which sho culminate in a building which surprises, delights and fulfills the original vis of the brief. The results are buildings which do not follow pre- onceived mo they are striking and innovative also socially, economically and environmen responsible. Currently we employ 12 permanent staff. Occasionally on spec needs of projects we employ qualified and carefully supervised trai architects. We have a range of Computer Aided Design Systems incluc Autocad, 3D Studio and in house plotting facilities. The Company is insu through Mida/Milan and has never had any claim filed against it.

om left to right:Susanne Hofmann, Stefan Haas,
Kai Gruene, Hendrik Bohle

## SUSANNE HOFMANN-DIE BAUPILOTEN

The Baupiloten are a group of students from the TU Berlin's School of Planning, Building, and the Environment. Under the leadership of freelance architect Susanne Hofmann AA Dipl., the students implement actual building measures within the framework of their architectural studies. The Baupiloten experience academic coursework as an ideal case of practice-oriented training and participate in all phases of the building process.

## TIGHE ARCHITECTURE

Tighe Architecture is committed to creating an authentic, contemporary Architecture informed by technology, sustainability and building innovation. The work is not of style but of process – a process driven by influences such as site, environment, budget, society, and culture. Since the inception of Tighe Architecture in 2000, a strong and diverse body of projects has been realized including city developed affordable housing, commercial and mixed use projects, civic art, installations and residences. The firm advocates a collaborative approach and has developed an extensive network of highly skilled consultants, artisans, and trades people.

Tighe Architecture has gained recognition for unique solutions that re-evaluate the way people inhabit their environments. The Firm has won several National AIA Honor Awards as well as local AIA Honors. The firm received American Architecture Awards two consecutive years and a Progressive Architecture Award. The work of Tighe Architecture has been published extensively appearing in Architectural Record, Architect, Architectural Digest, The LA Times Magazine, LA Architect and Interior Design in addition to various architectural book compilations.

Projects have been realized in New York, Texas, Massachusetts, and many of the culturally diverse communities within the greater Los Angeles area. Tighe Architecture is located in Santa Monica, California.

## TONKIN ZULAIKHA GREER ARCHITECTS

"Tonkin Zulaikha Greer signifies architectural practice in early 21st Century Australia. There is immense respect for and knowledge of the context, and a desire and expectation to create a great urban model. They have a reflective, self-critical attitude to their own work and its place in the city; an understanding of the value of working with existing built fabric and the cultural values it embodies; a constant desire to be contemporary in their formal solutions and the issues they embrace; a willingness to be experimental and to take each project on its own merits; and a profound respect for the discipline of architecture.

Tonkin Zulaikha Greer have been acknowledged as one of Australia's most inventive and acclaimed architectural practices since their inception in 1987. Their work ranges across the entire spectrum of architecture in a large city context: from iconic public buildings to the detailed restoration and adaptive re-use of historic structures; and from pragmatic community-minded inner-city housing to expressive and unusual private houses." Geoffrey London, Tonkin Zulaikha Greer, Pesaro Press, 2005.

TZG's energetic team of architects has worked together since the late 80's on a wide range of public and private projects. They have developed efficient procedures for navigating the design though the construction period, all the time maximising the potential in the process. TZG embraces the future with confidence in technology, fascination for history and enthusiasm for the sense of place to be found within the site for any new project.

## UdA

UdA was founded in 1992 in Turin by Valter Camagna, Massimiliano Camoletto and Andrea Marcante. Over the years the firm has combined its professional activities with participation in numerous competitions, including Europan 5, a project for the Turin area (honorable mention) and "La Città del III Milennio" at the 7th Venice Biennale of Architecture (selected project). In 2002 the firm was invited by Toyo Ito, Alejandro Zaera-Polo and Bob Van Reeth as the sole representative for Italy to the exhibition "New Trends of Architecture in Europe and Japan 2002", presented in Tokyo, Ghent, Bordeaux, Salamanca, Lisbon and Madrid, and in 2006 it was invited to the 5th Biennial of Architecture in Brasilia.

UdA's projects have been described by the critics as examples of "erotic minimalism": an ultrasophisticated architecture with a specific concern for sensory perceptions, materials, light and surfaces. Working in the fields of interior design and architecture, UdA has developed an eclectic, non-theoretical approach to the project closely correlated with visual communication, the senses, materials and cross-influences from other forms of creative expression, so transforming the Cartesian concept of "space" into its emotional-sensuous homologues of "territory" and "landscape".

The firm has won a number of awards: the projects for the Levis House and Ilti Luce were chosen respectively for the Premio Cosenza 2000 and 2002; the Ilti Luce building won the award Architetture Rivelate from the Order of Turin Architects for the quality of the project and the construction. UdA has been invited to numerous workshops and seminars in Italy, Japan, France, Cuba, Israel and Mexico. At present Andrea Marcante is a contract professor at the Turin Polytechnic where he teaches a course on experimentation with the perceptual qualities of glass. UdA's projects have been published in the major international reviews in the sector.

# VASLAB

VaSLab Architecture is a design-oriented firm practicing in architectural design, interior design, and urban design.

Founded in 2002 by two partners, Vasu Virajsilp (M.S. Advanced Architectural Design, Columbia University, NY, USA and B.Arch., Pratt Institute, NY, USA) and Boonlert Deeyuen (B.Arch., Silpakorn University, BKK, Thailand) influenced by the work of provocative art and architectural movements such as Cubism, Abstract Art, Dadaism, Modernism, Deconstructivism.

In projects of all sizes VaSLab introduces concepts and unique design solutions to meet each project's brief. With the firm's passion for architecture, VaSLab is dedicated to servicing and fulfilling their clients' objectives.

Recent projects which have attracted public recognition and numerous arti in the national press include:

- Honda Big Wing (competition winning)
- Latitude 12 Cha-am
- Transverse / Convergence House
- Bracket House
- Deviated House
- Inspired by Inner Complexity

# VAZIO S / A

Vazio S/A mixes practice and research. For the studio, an integrated vision of the design disciplines - architecture, landscape architecture, and urban design - is a fundamental approach due to the challenges imposed by ecological dynamics and the city's complexities. Either in furniture design or housing projects, cultural buildings or commercial facilities, multidisciplinarity prevails at the office.

Ours is a position both active (we ourselves as clients) and passive (designing for the private and the public sector): a vision where informality, urban vo and the market itself can work as triggers of new projects and opportunities conventional commissions (houses, commercial buildings, etc) we associa experimentation through researches, architectural contests, partnerships artists and social groups, publications, and ephemeral urban interventions investigate relations between contemporary culture and architecture.

# WALTER VALLINI ARCHITETTO

Walter Vallini architetto ed art-designer e' nato a Roma , ha studiato a Firenze ,vive e lavora a Torino.Si occupa di architettura ,interior -design ed art -design.
Nel 1989 riceve a Londra l'"IDIA Award", nel 1993 il secondo premio del concorso "Award Absolute by Ideal Standard".I suoi lavori sono stati presenta numerose mostre tra cui :
galleria immagini
2008 "Stelle!" - 29 marzo – Fondazione di Ca' La Ghironda -Zola Predosa ( Bo)
"5+5- artisti+ architetti"- 16 aprile- Museu da Agua- Lisbona
"5+5- artisti+ architetti"- 24 maggio- Galeria do Palacio Biblioteca Almeida Garrett- Porto
"Stelle!" 13 giugno -Fusion Art Gallery -Torino
2007 "Stelle!"- 9 giugno- Archivio Menna/Binga- Roma
"Fatto ad Arte-Territori di Ceramica Italiana Contemporanea-Ceramica Umbra"-
25 giugno- Musei di San Salvatore in Lauro-Roma
"BAM on tour 2007"- 20 luglio- Castello del Roccolo –Busca (Cn)
2006 "Breakfast Design"-18 marzo – Gewerbe Museum- Winterthur
"La leggerezza della Scultura"-20 Maggio- Parco della Tesoriera e Piazza Peyron- Torino
"Oggetti Luminosi & Dialoghi Incrociati" Interni Italiani V
19 ottobre – Galeria de Exposicoes do ISCTE -Lisbona
"Intersezioni 6+6"- 17 novembre- G.Space -Venezia
"Intersezioni 6+6" – 15 dicembre- Fusion Art Gallery –Torino
2005 " Furniture of Mind " – 8 febbraio- Boutique Borsalino-Parigi
"2046 nessun luogo" -2 dicembre – Passo Blu - Genova
2004 " Fable and Design " –aprile- eventi Fuori Salone- Milano
" Corpi Rituali " – 28 agosto-Centrale Idroelettrica Enel e Palazzo Piazzoni-Vittorio Veneto
" BAM –Biennale di arte moderna e contemporanea del Piemonte"
25 settembre-Villa Giulia- Verbania
" Oggetti Luminosi & Dialoghi Incrociati" Interni Italiani IV
3 dicembre- Istituto Italiano di Cultura- Copenaghen
2003 " Oltre il Dormire" –15 febbraio – Fiera Arredo- Bologna
" Furniture of Mind"-marzo- Pit 21-Milano
" Food Design 2" 29 Maggio- Quadrilatero Romano-Torino
" Interni Italiani 3"-24 giugno- Tacheles Kunsthaus-Berlino
2002 " Interni Italiani 1"- 9 aprile – Sociedade Nacional de Belas Artes- Lisbona
" Food design 1" – 9 maggio- Quadrilatero Romano- Torino
" Rompere il Silenzio"- 11 settembre - Galleria One-Off- Torino
" Interni Italiani 2"-10 ottobre- Cappella S.Carlo Borromeo-Praga
2000 " I 5 sensi" –12 ottobre- Abitare il Tempo- Verona

## WARO KISHI + K.ASSOCIATES / ARCHITECTS

Graduated from Department of Electronics, Kyoto University, 1973; Masters Degree from the Graduate School of Architecture at Kyoto University, 1978; established Waro Kishi Architect & Associates in 1981; changed to K. Associates/Architects in 1993; Associate professor, Kyoto Institute of Technology, present; awards include Kenneth F. Brown Asia Pacific Culture and Architecture Merit Award, Selected Architectural Design of the Architectural Institute of Japan in 1995, Prize of the Architectural Institute of Japan, and Selected Architectural Design of the Architectural Institute of Japan in 1996.

## WILKINSON EYRE. ARCHITECTS

Chris Wilkinson, OBE RA Dip Arch RIBA Hon FAIA FCSD
Chris Wilkinson is a principal of Wilkinson Eyre Architects, which he founded in 1983 and has nurtured to become one of the UK's leading architectural practices. Chris was awarded the OBE in the Millennium Honours List for his services to Architecture, elected to the Royal Academy in 2006 and made an Honorary Fellow of the American Institute of Architects in 2007. He was voted Designer of the Year by FX Magazine in 2001 and by the CSD and Design Council in 1996.
He has been a member of the English Heritage/CABE Urban Panel since 2000, a chairman of the Southwark Design Review Panel since 2006, served on the RIBA Honours Panel in 2005 and 2006 and on the Architecture Panel of the Royal Academy since 2006. Chris Wilkinson was appointed as a Commissioner of English Heritage in 2007.
His practice has won over 120 national and international design awards including the RIBA Stirling Prize for two consecutive years in 2001 and 2002, the Royal Fine Art Commission Trust Building of the Year Award in 2002 and Germany's Balthasar Neumann Preis in 2004. His work has been extensively published and exhibited around the world, the best known projects being Stratford Regional Station, Gateshead Millennium Bridge, Explore @ Bristol, the National Waterfront Museum in Swansea and the King's Waterfront Arena and Conference Centre for Liverpool's European City of Culture celebrations in 2008.

## XTEN ARCHITECTURE

XTEN Architecture is an award winning architecture firm located in Los Angeles, California, with satellite offices near Basel, Switzerland. Founded in 2000 by partners Monika Häfelfinger and Austin Kelly, XTEN Architecture is a full service architecture and design firm specializing in cultural buildings, office and commercial facilities, large-scale residential projects and custom single family residences. Buildings are developed using the most innovative green technologies and materials available and guided efficiently from design through construction.
XTEN has developed a distinctive method to the development of contemporary architecture, with an emphasis on minimalist logic, material transformation and refined detailing and craftsmanship. Underlying themes in the work have focused on the conceptual use of building materials, modified with both traditional and digital techniques. In new buildings, remodels and adaptive reuse projects, the architects develop strong sculptural forms and spaces transformed by both direct and indirect connections to nature and the buildings' immediate environment.
In 2004 the firm was recognized as one of twelve Emerging Architects to watch nationally in Architectural Record magazine and in 2006 XTEN was featured in the grand re-opening exhibition at the Architecture+Design Museum in Los Angeles. In 2006 and 2007 XTEN was awarded honors in Architectural Design from the American Institute of Architects, winning also a Bienal Architecture Award in international competition at the IV Bienal Miami+Beach in December 2007. The work of XTEN Architecture has been published extensively appearing on the cover of Architectural Digest and in Architectural Record, Interior Design, LA Architect, The Los Angeles Times Magazine, Angeleno, Elle Décor UK, Interni (Russia), Spa-De (Japan), Times Space (China), Belle (Australia), Disenart (Spain) AD Mexico and Deutsche Bauzeitung in addition to numerous architectural design books.
Buildings in design and construction include several custom residences, galleries and commercial projects in the US and large-scale buildings and competitions in Switzerland, China and the Middle East.

## ZD + A DESARROLLO + ARQUITECTURA

*Born in Mexico City in 1973, Yuri Zagorin studied architecture at the Universidad Iberoamericana (UIA) graduating with honors in 1994. He received a Master in Advance Architectural Design from Columbia University, New York 1997. He currently teaches design at the (UIA) and has been published in a variety of national and international publications. He is also a member of the CAM (Colegio de Arquitectos Mexicanos), Urban Land Institute, CANADEVI (Cámara nacional de desarrolladores de vivienda) among other professional associations.*

*Since it's founding in the year 2000 by Yuri Zagorin, ZD+A has successfully completed more than a dozen developments providing over 400 finished residential units as well as commercial and industrial buildings. Composed by four independent units, architecture, construction, marketing and development that think in a interdisciplinary manner we stride to provide the best possible solution for our clients and a critical and responsible response to the built environment.*

## 2b ARCHITECTES

Stephanie Bender
1969 Born in Stuttgart, Germany
1996 Diploma in Architecture, EPFL Lausanne, Switzerland
1998 Principal, 2b architectes
2000-03 Assistant in practice of Architecture in the laboratory LAMU / Prof. I. Lamunière, EPFL, Lausanne
2005 Professor in Practice of Architecture and Urban Design, Joint-Master, University of applied sciences BFH AHB Burgdorf. Switzerland

Philippe Béboux
1968 Born in Lausanne, Switzerland.
1991 Diploma in Engineering, University of applied sciences, Yver Switzerland
1997 Diploma in Architecture, EPFL, Lausanne, Switzerland
1998 Principal, 2b architectes
2004 Assistant in practice of Architecture for the invited Profe Eduardo Arroyo, EPFL, Lausanne
2005-08 Professor in Practice of Architecture and Urban Design, J Master, University of applied sciences BFH AHB Burgdorf. Switzerland

## 7XA ARQUITECTURA

Ángel López y Carlos Ortiz, arquitectos
7xa it is a signature of architecture founded and co-directed by the architects Angel López and Carlos Ortiz from 1999. It has participated in constant way in the design and construction of particular residences under strict concepts of contemporary. Additionally they have developed real state, commercial, scenographic, religious projects, of entertainment, landscape and urban. In the 2001 Arquine prize the jury give them a special mention and they win the third place of the contest "Access to San Nicolás de los Garza". In 2003 they obtained the nomination to the prize Obras CEMEX in the category of residential design by the house "Córcega". In 2005 they obtained honorary mention in XIII Bienal de Arquitectura by the house "Linda Vista". In 2007 they obtain honorary mention by the house "Riviera" and win the "calli de cry by the house "Muralla" in XIV Bienal de Arquitectura of Nuevo León, Mé Its work has been exhibited in the triennial of Panama, the alternative ga Egolounge, the Bienal de Arquitectura Nuevo León, México, the mus of Mexican History, the Bienal of Miami, the Bienal of Quito and the B of Buenos Aires; and published in the magazines; O.bjeto, la Ciudad, a Quieres Casa, Book XIII Prize Obras CEMEX, the book modern interiors book Mexican Architects vol. XIX, in the yearbook of Mexican Archite ATK and A25 book of Regiomontana architecture. They have distrib conferences in the ITESM, CEDIM, UIA and UANL.